涡流热成像检测技术

Eddy Current Thermography
Non destructive Testing

潘孟春　何赟泽　陈棣湘　编著

国防工业出版社

·北京·

内容简介

本书是作者根据多年从事涡流热成像等科学研究的实践和思考,同时参考国际上相关的研究撰写而成的。

本书从物理角度,分析了涡流场和温度场的形成物理本质,阐明了缺陷对涡流场、热传递等物理过程的扰动规律,建立了基于涡流场和热传递的缺陷评估方法;从信号角度,分析了温度信息的时频域特性,建立了时频域特征与缺陷的映射关系,为实现缺陷检测提供了理论基础;从应用角度,以金属中的裂纹、钢结构中的腐蚀、碳纤维中的分层和撞击为典型对象,论述了涡流热成像检测技术的实际应用;从完备角度,介绍了涡流锁相热成像检测技术和涡流脉冲相位热成像检测技术的原理、特点及应用。

本书可供航天、航空、机械、建筑、冶金、电力、石油、造船、汽车、核能、铁路以及国防工业等从事无损检测、材料评估和结构健康监测的科研工作者与工程技术人员参考。

图书在版编目(CIP)数据

涡流热成像检测技术/潘孟春,何赟泽,陈棣湘编著. —
北京:国防工业出版社,2013.8
ISBN 978-7-118-08998-1

Ⅰ.①涡… Ⅱ.①潘…②何…③陈… Ⅲ.①涡
流检验 Ⅳ.①TG115.28

中国版本图书馆 CIP 数据核字(2013)第 184919 号

※

国防工业出版社出版发行

(北京市海淀区紫竹院南路 23 号 邮政编码 100048)
国防工业出版社印刷厂印刷
新华书店经售

*

开本 710×1000 1/16 印张 12¼ 字数 252 千字
2013 年 8 月第 1 版第 1 次印刷 印数 1—2500 册 定价 36.00 元

(本书如有印装错误,我社负责调换)

国防书店:(010)88540777 　　发行邮购:(010)88540776
发行传真:(010)88540755 　　发行业务:(010)88540717

前　言

美国前总统里根曾说过:"没有先进的无损检测技术,美国就不可能享有在众多领域的领先地位。"无损检测是利用声、光、电、磁、热等物理方法,在不损害或不影响被检对象使用性能的前提下,检测被检对象中是否存在缺陷,并对被检对象的适用性、完整性等进行评估的所有技术手段的总称。

无损检测作为一门应用型技术已有一百多年的历史。1879 年,休斯首先将涡流检测应用于金属材质的分选。1900 年,法国海关开始应用 X 射线检验物品。1929 年,超声波检测技术开始应用于工业产品缺陷的检测。1930 年,瓦茨使用磁粉检测技术对焊缝的质量进行了检测。到了 20 世纪中期,基本建立了以射线检测、超声检测、磁粉检测、渗透检测和涡流检测五大常规检测技术为代表的无损检测体系。20 世纪 70 年代,电子技术和计算机技术的飞速发展有效地推动了无损检测技术的进步。进入 21 世纪,无损检测技术在航天、航空、机械、建筑、冶金、电力、石油、造船、汽车、核能、铁路等行业中被普遍采用,已成为不可或缺的质量保证手段,其"质量卫士"的美誉已得到工业界的普遍认同。

近几年,无损检测技术的发展及其应用更是日新月异。涡流热成像检测技术就是一种新兴的无损检测技术,它集成了涡流检测技术与热成像检测技术的诸多优点:

(1)无需任何耦合剂,可实现非接触检测,检测距离可近可远。

(2)空间分辨率高,热像仪的空间分辨率已达微米级。

(3)检测效率高,可以在较短时间内检测较大的范围。

(4)感应加热方式可直接加热物体内部,不受工件表面状况影响。

(5)成像结果直观明了。

目前,该技术在发达国家得到了较深入的研究和快速的发展,已应用于金属材料和导电复合材料的检测评估。但是,该技术系统的检测理论和方法尚未完全建立,主要表现在:

(1)涡流热成像检测实际上是多物理场耦合问题,传统的单一涡流思想不能获取理想的检测效果。

(2)特征量的提取局限于信号本身而忽视其物理本质。

(3)信息挖掘与应用不完善。

(4)多层复杂结构中损伤定量评估研究不深入。

(5)缺陷检测识别的自动化程度还处于较低级的水平。

作者结合多年相关科学研究的实践和思考,同时跟踪国际上的相关研究,撰写了《涡流热成像检测技术》,试图梳理出一些针对上述问题和不足的解决思路与方法,进一步完善涡流热成像检测的理论和方法,促进涡流热成像检测技术的发展和推广应用。

本书从物理角度,分析了涡流场和温度场的形成物理本质,阐明了缺陷对涡流场、热传递等物理过程的扰动规律,在此基础上建立了基于涡流场和热传递的缺陷评估方法;从信号角度,分析了温度信息的时频域特性,建立了时频域特征与缺陷的映射关系,为实现缺陷检测提供了理论基础;从应用角度,以金属中的裂纹、钢结构中的腐蚀、碳纤维中的分层和撞击为典型对象,论述了涡流热成像检测技术的实际应用;从完备角度,介绍了国外目前研究较热的涡流锁相热成像检测技术和涡流脉冲相位热成像检测技术的原理、特点及应用。

全书共分为 12 章。第 1 章绪论,简要介绍涡流热成像检测技术的发展概况;第 2 章阐述涡流热成像检测技术的基础;第 3 章分析感应加热过程及影响因素;第 4 章和第 5 章分别介绍基于涡流场扰动的表面缺陷评估方法和基于热传递的深层缺陷定量评估方法;第 6 章介绍涡流脉冲热成像信号的基本处理方法;第 7 章介绍基于统计分析的信号处理方法。第 8 章~第 10 章以应用研究为主。第 8 章介绍金属构件中裂纹的检测评估;第 9 章介绍钢结构中腐蚀的检测评估;第 10 章介绍碳纤维复合材料中分层和撞击缺陷的检测评估;第 11 章和第 12 章分别介绍涡流锁相热成像检测技术和涡流脉冲相位热成像检测技术的原理、特点及应用。

作者的研究工作得到英国纽卡斯尔大学 G. Tian 教授及其课题组成员无私的指导和帮助。本书的出版得到“庆祝国防科技大学六十周年华诞系列专著”的资助,得到国防工业出版社编辑和工作人员的大力支持,在此表示衷心的感谢!

由于作者水平有限,本书难免存在不当和疏漏之处,敬请各位同仁、读者和专家谅解,并请给予批评指正。

作者

2013 年 6 月

目 录

第1章　绪　论

1.1　无损检测技术概况

1. 无损检测技术的发展历程

无损检测(Nondestructive Testing, NDT)是建立在现代科学技术基础上的一门应用性技术学科,它以不破坏被测物体内部结构为前提,应用物理的方法检测物体内部或表面的物理性能、状态特性以及内部结构,检查物体内部是否存在不连续性(即缺陷),从而判断被测物是否合格,进而评价其适用性[1-5]。无损检测学科涉及了物理科学中的光学、电磁学、声学、原子物理学以及计算机科学、仪器科学、通信科学等学科。在现代科学技术应用领域中,没有哪种技术能像无损检测那样具有如此广泛的科学基础和应用领域。作为现代工业的基础技术之一,无损检测在保证产品和工程质量上发挥着愈来愈重要的作用,其"质量卫士"的美誉已得到工业界的普遍认同。衡量一个国家基础工业先进与否,无损检测技术是一个不可或缺的因素。美国前总统里根曾说过:"没有先进的无损检测技术,美国就不可能享有在众多领域的领先地位。"

无损检测作为应用型技术学科已有一百多年的历史。1895 年,德国科学家伦琴发现 X 射线。1900 年,法国海关开始应用 X 射线检验物品。1922 年,美国建立了世界第一个工业射线实验室,用 X 射线检查铸件质量,以后在军事工业和机械制造业等领域得到了广泛应用,射线检测技术至今仍然是许多工业产品质量控制的重要手段[6]。1912 年,超声波检测技术最早在航海中用于探查海面上的冰山。1929 年,开始应用于产品缺陷的检测,目前仍是锅炉压力容器、铁轨等重要机械产品的主要检测手段。1930 年后,人们开始采用磁粉检测方法来检测车辆的曲柄等关键部件,之后在钢结构探伤中得到了广泛应用,使磁粉检测得以普及到各种铁磁性材料的表面检测。随着工业化大生产的出现,基于"毛细管现象"原理的磁粉检测被成功地应用于金属和非金属材料开口缺陷的检测,其灵敏度与磁粉检测相当,它的最大好处是可以检测非铁磁性物质。在 20 世纪开始之前,涡流方法主要应用于材料分选和不连续性检测。1921—1935 年,涡流探伤仪和涡流测厚仪先后问世。20 世纪 50 年代,德国科学家福斯特(Foster)博士提出了利用阻抗分析方法来鉴别涡流检测中各种影响因素的新见解,为涡流检测机理的分析和设备的研制提供了新的理论依据,极大地推动了涡流检测技术的发展。到了 20 世纪中期,基本建立了以射线检测(Radiographic Testing,RT)、超声检测(Ultrasonic Testing,UT)、磁粉检测(Magnetic Testing,MT)、渗透检测(Penetrant Testing,PT)和涡流检测(Eddy Current Testing,ECT)五大常规检测技术为代表的无损检测体系[1, 7]。

进入 21 世纪,无损检测技术的应用范围变得更加广泛,遍布工业发展的各个领域,在航空、航天、机械、建筑、冶金、电力、石油、造船、汽车、核能、铁路等行业中普遍采用,成为不可或缺的质量保证手段,在产品设计、生产和使用的各个环节中已得到卓有成效的运用[8-11]。

2. 常规无损检测技术

1) 射线检测

利用射线(X 射线、γ 射线、中子射线等)穿过材料或工件时的强度衰减程度,检测其内部结构是否连续的技术称为射线检测。射线检测的原理是当射线照射在工件上时,透射后的射线强度将随着物质的种类、厚度和密度而变化。利用射线的照相作用、荧光作用等特性,将这个变化记录在胶片上,经显影后形成底片的黑度变化,根据底片黑度的变化可了解工件内部结构状态,达到检查出缺陷的目的。

2) 超声波检测

超声波是一种超出人听觉范围的高频率机械振动波。超声波可以分为纵波、横波、表面波等多种波形。超声波在被检测材料中传播时,材料的声学特性和内部组织的变化对超声波的传播产生一定的影响,通过对超声波受影响程度和状况的探测了解材料性能和结构变化的技术称为超声检测。超声波在同一均匀介质中传播时速度不变,传播方向也不变,如果传播过程中遇到另一种介质,就会发生反射、折射或绕射的现象。被检试件可视为均匀介质,如果内部存在缺陷,则缺陷会使超声波产生反射现象,根据反射波幅的大小、方位,就能判定和测出缺陷的存在。

3) 磁粉检测

利用漏磁和合适的检验介质发现试件表面和近表面不连续性的无损检测方法为磁粉检测。铁磁性材料被磁化后,其内部会产生很强的磁感应强度,磁力线密度增大几百倍到几千倍,如果材料不连续,磁力线会发生畸变,部分磁力线有可能逸出材料表面,从空间穿过,形成漏磁场。因空气的磁导率远低于零件的磁导率,使磁力线受阻,一部分磁力线挤到缺陷的底部,一部分穿过裂纹,一部分排挤出工件的表面后再进入工件。后两部分磁力线形成磁性较强的漏磁场。如果这时在工件上撒上磁粉,漏磁场就会吸附磁粉,形成与缺陷形状相近的磁粉堆积(称这种堆积为磁痕),从而显示缺陷。

4）渗透检测

利用液体的毛细管作用,将渗透液渗入固体材料表面开口缺陷处,再通过显像剂将渗入的渗透液吸出到表面显示缺陷的存在。这种无损检测方法称为渗透检测。渗透检测进行的程序一般包括渗透、清洗、显像和检查。首先,在零件表面施涂含有荧光染料或着色染料的渗透液。在毛细管作用下,经过一定的时间,渗透液可以渗进表面开口的缺陷中。其次,除去零件表面多余渗透液。然后,在零件表面施涂显像剂,同样在毛细管的作用下,显像剂将吸引缺陷中保留的渗透液。最后,在一定的光源下,缺陷中的渗透液痕迹被显示,从而反映出缺陷的形貌及分布状态。

5）涡流检测

涡流无损检测是以电磁感应原理为基础的一种无损检测方法,它适用于对导体材料的检测。当载有交变电流的检测线圈靠近被测导体试件时,由于线圈磁场的作用,试件中产生感应涡流。涡流的大小、相位和分布与试件电磁性质、结构、形状及激励频率、线圈与试件之间的耦合等因素有关,而涡流的存在又影响检测线圈周围的磁场分布,线圈的阻抗也随着变化。通过测定空间磁场的变化或者线圈阻抗变化,就可以反映出被检测试件的内部结构、形状大小、材质分布、是否存在缺陷以及试件与线圈的耦合情况等信息。设法保持系统的若干参数不变,就可以对另外一些参数做出评估。在进行电涡流检测时,要确保涡流渗透深度大于待测缺陷所在的位置,才能进行有效的检测。

1.2 航空无损检测技术概况

1. 无损检测在航空领域中的地位

航空领域对于安全的要求特别严格,使得无损检测在该领域得到广泛重视和应用,各种最先进的无损检测技术首先都应用在航空领域。毫不夸张地说,航空的安危系于无损检测。

1）原位无损检测是探测故障和缺陷的重要手段

飞机在飞行训练和空中格斗过程中承受巨大载荷,许多零部件又在腐蚀介质中工作,高载荷飞机,特别是老龄飞机,其承力结构及零部件最易产生疲劳损伤,为保证飞行安全,需采用 NDT 技术尽早探出裂纹,以便采取必要的措施,排除飞行隐患[12]。

2）无损检测是革新维修模式和技术的关键

目前,航空修理厂的修理体制已由以修理小组为主转为以故障检测为中心;在航空维修领域,维修已由定时向视情和可靠性维修方式转变。尽管原来的维修方式在实际维修中仍然采用,但多发生了变化,NDT 手段的加强和飞机结构的合理设计使能检测部位特别是外场检测部位和构件增多,视情和可靠性维修得以实现,在外场可维修解决的项目,不必送工厂解决;能在机上原位维修的,不必拆下构件修理。NDT 是航空维修的基础,是革新维修方式的技术关键[12]。

3)无损检测是制订维修工艺的重要依据

修理有损伤的飞机,显然要根据损伤及其严重程度来进行,这些需要 NDT 人员首先对损伤进行探测和评定,修理人员根据探测和评定结果制定和实施修理工艺,从而做到有的放矢,节省维修时间。在战时,快速 NDT 是快速抢修的前提,也是提高飞机出动率的基本环节。飞机外部的宏观损伤不需要无损检测,修理人员可用肉眼直接观察到,但是封闭结构的损伤、与宏观损伤相近的微小损伤以及隐蔽和潜生的损伤必须由 NDT 人员采用 NDT 设备才能确定,否则无法制订快速抢修方案[12]。

4)无损检测是延长飞机寿命的技术依据

在飞机维修前,要用 NDT 技术确定损伤范围、种类和程度,修理后也要用必要的检测手段确定和评定修理质量。飞机使用达到设计寿命时,能否继续服役,需由权威机构根据飞机的使用和维修情况以及定期无损检测的数据记录并结合实验综合评定[12]。

2. 航空领域常用的无损检测技术

目前,美国、英国、德国、法国、澳大利亚、加拿大等发达国家都在大力发展无损检测技术以适应现代航空装备的维修与保障。航空无损检测面临的主要难题是老龄飞机的检测,尤其是对老旧飞机层状结构内部裂纹和腐蚀缺陷的检测,是目前无损检测领域工程技术人员面临的一个挑战。如何改进检测能力、支持老龄飞机延寿是一个十分重要的问题。为此,美国成立了老旧飞机无损检测认证中心,确定对老旧飞机的主要结构部件所应采用的检测方法和检测频率。"为延长老龄飞机使用年限所需的新的无损检测方法"已列入美国国家关键技术委员会向当时的总统布什提交的报告中。

飞机的损伤通常发生在承力构件、易损零部件及飞机表面。其主要的损伤模式有裂纹和腐蚀[13, 14],裂纹往往由腐蚀造成,腐蚀又使裂纹在使用载荷作用下疲劳扩展,据美国空军后勤中心(ALC)对二十多种现役飞机的详细调查,裂纹和腐蚀各占飞机全部损伤事故的30%和20%。裂纹通常发生在飞机机翼大梁,机身与机身框架连接的紧固件孔,发动机轴、盘、叶片和起落架等部位,腐蚀常发生于机身铝蒙皮铆接部位周围以及进气道等部位。

飞机无损检测常用的方法包括内窥(Endoscopy Testing)、涡流(Eddy Current Testing, ECT)、漏磁(Magnetic Flux Leakage, MFL)、超声(Ultrasonic Testing, UT)、声发射(Acoustic Emission, AE)、激光超声(Laser Ultrasound, LU)、红外热成像(Thermography)等技术。其中,内窥镜检查通常也称为"孔探",是一种不分

4

解发动机就能了解其内部状况的检测方法,具有直观准确且简单易行的优点,但其只能检查出表面缺陷。漏磁方法仅适用于铁磁性材料的检测。声发射技术对于缺陷的动态监视具有一定的优势,但是在静态检测中必须外加应力,使缺陷部位发生形变,因而严格来说不完全是无损的。激光超声技术具有非接触、可进行远距离检测的优点,但检测系统复杂,体积庞大而且造价较高,同时在检测现场需采用严格的激光防护措施。红外热成像技术可实现大面积的快速检测,但其不易对复杂结构件中缺陷的深度进行检测。

涡流检测技术提供了一种低成本的快速检查方法,具有非接触的优点,因而在航空无损检测中得到了广泛的应用,如飞机发动机、起落架、蒙皮、管道等的检测[15-18]。近代制造飞机、航空发动机所用的材料,基本上仍以铝镁合金、钛合金、高强度结构钢、不锈钢、耐热合金为主。用这些材料制作的各种航空器材部件,大多数都是在高应力、高温、高压等恶劣环境下工作。据统计,在飞机、航空发动机各种部件中产生的疲劳裂纹和腐蚀缺陷,90%以上是在部件的近表面。采用涡流检测技术探测这些表层裂纹,不仅可靠性高,而且在探测过程中无需清除部件表面的油脂、积炭和保护层,多数可在不拆卸飞机的前提下,对飞机进行外场原位探伤。因此,涡流检测技术在航空工业生产和维护中发挥着越来越重要的作用[19]。

3. 新型复合材料的应用及其无损检测技术

复合材料具有低密度、高强度、耐高温、抗氧化等优点,在航空航天领域中的应用越来越广泛。进入21世纪,复合材料在航空航天等领域的应用达到空前的规模,几乎被推崇到了用复合材料的装机用量来标榜现代飞机先进性的地步。随着我国材料技术的不断进步,复合材料在我军最新战机与直升机设计制造领域也得到了越来越广泛的应用。例如,最新的第四代战机歼20中复合材料用量已占结构重量的27%,直9直升机中复合材料的用量也高达25%。

复合材料包括金属基复合材料、碳纤维复合材料、陶瓷基复合材料等多种类型,其中金属基和碳纤维等复合材料具有导电性,陶瓷基等复合材料不具有导电性。金属基复合材料是以金属或合金为基体,含有一种或数种非金属强体成分的复合材料。铝、镁、钛是金属基复合材料的主要基体,而增强材料一般主要为纤维、颗粒和晶须三类。其中铝基复合材料的研究和应用最为广泛。近年来,以颗粒增强铝为代表的金属基复合材料作为主承载结构件,在先进飞机上获得广泛应用。例如,美军使用碳化硅颗粒增强铝基6092AL复合材料,用于F-16战斗机的腹鳍,代替了原有的2214铝合金蒙皮,刚度提高50%,寿命提高17倍,可以大幅减少检修次数,节约检修费用;F-18战斗机采用碳化硅颗粒增强铝基复合材料作为液压制动机缸体,与替代材料铝青铜相比,疲劳极限提高1倍以上;金属基复合材料已成为航空涡扇发动机高性能中温部件的重要候选材料。

碳纤维复合材料主要包括碳纤维增强树脂基复合材料和碳—碳复合材料。碳纤维是纤维状的碳素材料,含碳量在 90% 以上,力学性能优异,具有低密度、耐高温、耐腐蚀、耐摩擦、导电导热性和电磁屏蔽性好等优良性能,广泛应用于军事及民用工业的各个领域。在战斗机和直升机上,碳纤维复合材料应用于飞机主结构、次结构件和特殊部位的特种功能部件。国外将碳纤维复合材料应用在战机机身、主翼、尾翼及蒙皮等部位,起到了明显的减重作用,大大提高了抗疲劳、耐腐蚀等性能,在一些轻型飞机和无人驾驶飞机上,甚至已实现了结构全复合材料化。

陶瓷基层状复合材料具有独特的力学性能和抗破坏能力,主要用于制作飞机燃气涡轮发动机喷嘴阀,在提高发动机的推重比和降低燃料消耗方面具有重要的作用。氧化铝纤维增强陶瓷基复合材料可用作超声速飞机、火箭发动机喷管和垫圈材料,碳化硅纤维增强陶瓷基复合材料可作为高温热交换器、燃气轮机的燃烧室材料。陶瓷基复合材料是未来高推重比发动机涡轮及燃烧系统的首选材料,如用于 F – 119 发动机矢量喷管的内壁板等。

复合材料部件的缺陷主要来源于生产制造和服役。特别是在服役过程中,由于疲劳累积、撞击、腐蚀等物理化学因素的影响,复合材料部件容易产生缺陷和损伤。主要缺陷有疲劳损伤和环境损伤,如撞击、脱层、分层、裂纹等。在航空领域,出于对关键部件高质量、高可靠性的需求,必须对复合材料进行 100% 的无损检测。因此,研究和发展先进的复合材料无损检测技术,其重要性和意义不言而喻。

世界各经济强国非常重视航空航天新材料领域的研究,以先进复合材料、金属结构材料、特种功能材料和电子信息材料最为突出。新材料的蓬勃发展对无损检测技术提出了新的要求。如美国材料测试协会 ASTM 于 2009 年发布了航天复合材料无损检测方法新标准。目前,用于复合材料无损检测的方法主要有超声检测[20]、X 射线[21]、涡流[22, 23]、微波[24]、电阻测量[25]、声发射[26, 27]、激光散斑法[28] 和红外热成像[29, 30]。这些技术或多或少都存在一些缺点与不足。当前,复合材料检测技术的主要不足可以归纳为:

(1)系统复杂,成本高。如射线检测法对复合材料中最易出现的分层不敏感,也不易检测与构件表面平行的裂纹。而且,检测设备复杂,体积较大,耗时长,费用高,并且射线对人体有害,需对检测人员进行安全防护。

(2)检测深度小,很难发现内部缺陷。如激光散斑技术是利用构件局部变形差和温度场的变化来检测缺陷,只适用于近表面缺陷的检测。

(3)难以实现非接触检测。传统超声检测采用换能器产生和接收超声,换能器与工件间需要耦合剂,难以实现非接触式检测;接收换能器频带窄,对应不同的使用条件需要更换探头,检测效率低。

（4）检测灵敏度和分辨率低，缺陷判别难。如声发射技术的检测信号微弱，缺陷信息混杂在噪声中难以辨识，导致检测准确性较低，检测结论多是定性的。

这些检测技术的不足在很大程度上制约了复合材料在武器装备中的应用，这就要求科研工作者对复合材料检测技术进行新的研究和探索，提出新的无损检测技术与方法，开发新的无损检测系统及仪器。

1.3 涡流热成像检测技术概况

1. 涡流检测技术概况

涡流现象的发现已经有近二百年的历史，早在 1820 年，奥斯特（Oersted）就发现当一个导体通有电流时，会产生环绕导体的磁场。同年，安培（Ampere）发现在靠近导体的区域施加大小相同方向相反的电流将会抵消导体电流产生的磁场。1824 年，阿拉戈（Arago）发现当一个摆动的磁针放置于一个无磁性导体盘附近时，磁针的摆动会迅速衰减，这是第一个验证涡流存在的实验。1831 年，法拉第（Faraday）发现了电磁感应现象，并在实验的基础上提出了电磁感应原理。1873 年，麦克斯韦（Maxwell）用完整的数学方程式将前人的这些成果表示出来，建立了系统严密的电磁场理论。时至今日，麦克斯韦方程组依然是电磁现象的研究基础，亦是涡流检测的理论基础[31]。

随着电磁理论的不断完善与实验水平的不断提升，涡流无损检测技术也得到了快速的发展。1879 年，休斯（Hughes）首先将涡流检测应用于实际：判断不同的金属和合金，进行材质分选。20 世纪开始之前，涡流方法主要应用于材料分选和不连续性检测。1921 年—1935 年，涡流探伤仪和涡流测厚仪问世。在此期间，美国有不少电磁感应和涡流检测仪获得专利权。其中，Karnz 直接用涡流检测技术来测量管壁厚度；Farraw 首次设计成功用于钢管探伤的涡流检测仪器。但这些仪器都比较简单，通常采用 60Hz、110V 的交流电路，使用常规仪表（如电压计、安培计、瓦特计等），所以其工作灵敏度较低、重复性较差。第二次世界大战期间（1935 年—1945 年），工业部门的快速发展促进了涡流检测仪器的进步，在此期间问世了一大批各种形式的涡流探伤仪器和钢铁材料分选装置，较多地应用于航空及军工企业部门。但是，由于在实施涡流检测时存在着多种干扰因素，而当时尚未从理论和设备研制中找到抑制干扰因素的有效方法，在一定程度上限制了涡流检测的应用范围。

20 世纪 50 年代，德国科学家福斯特博士提出了利用阻抗分析方法来鉴别涡流检测中各种影响因素的新见解，为涡流检测机理的分析和设备的研制提供了新的理论依据，极大地推动了涡流检测技术的发展。福斯特也因此当之无愧地被称为"现代涡流检测之父"。他在德国创办了福斯特研究所，该所提出的涡流检测技术与研发的仪器设备极大地推动了涡流检测技术在全世界范围内的实际应用和发展。由于福斯特的卓越贡献，自 20 世纪 50 年代起，美国、苏联、法国、英国等工业发达国家的科学家积极开展了涡流检测技术研究。以美国为例，美国无损检测学会《无损检测手册》全文刊登了福斯特有关电磁感应和涡流检测技术的理论及工艺成果，为学习涡流检测技术提供了完整的技术资料。

20 世纪 70 年代以后，电子技术和计算机技术飞速发展，有效地带动了涡流检测仪器技术性能的改进，进一步突现了涡流检测技术在探测导电材料表面或近表面缺陷应用中的优越性。世界各国相继开展了大量的涡流检测技术研究和仪器开发工作，发表了大量的研究论文，并研制生产了一些高性能的涡流检测仪器，进一步扩大了涡流检测在各工业部门的应用范围[3]。

涡流技术由于具有很多优点而被广泛应用。首先，它是非接触检测，而且能穿透非导体的覆盖层，这就使得在检测时不需要做特殊的表面处理，因此缩短了检测周期，降低了成本。同时，涡流检测的灵敏度非常高。随着工业及科学技术水平的不断发展，鉴于涡流检测自身的特点，人们逐步认识到常规涡流检测技术自身存在的一些局限性，如对提离效应敏感、检测速度慢、探测深度小等问题。针对这些问题，人们在努力完善涡流检测技术的同时，发展并提出了一些新的涡流检测技术。

为了克服单频涡流的缺点，1970 年，美国人 Libby 提出了多频涡流（Multi - frequency Eddy Current，MFEC）检测技术。多频涡流是同时用几个频率信号激励探头，较单频激励法可获取更多的信号[32]，这样就可以抑制实际检测中的许多干扰因素，如热交换管管道中的支撑板、管板、凹痕、沉积物、表面锈斑和管子冷加工产生的干扰噪声，汽轮机大轴中心孔和叶片表面腐蚀坑、氧化层等引起的电磁噪声，以及探头晃动提离噪声等[33, 34]。

脉冲涡流（Pulsed Eddy Current，PEC）检测技术最早由密苏里大学的 Waidelich 在 20 世纪 50 年代初进行研究。脉冲涡流的激励电流通常为具有一定占空比的方波，施加在探头上的激励方波会感应出脉冲涡流在被测试件中传播，根据电磁感应原理，此脉冲涡流又会感应出一个快速衰减的磁场，随着感生磁场的衰减，检测线圈上就会感应出随时间变化的电压。与常规涡流检测技术不同，脉冲涡流检测技术主要对感应电压信号进行时域的瞬态分析。另外，脉冲涡流检测技术中的激励信号可以看成一系列不同频率正弦谐波的合成信号，具有很宽的频谱。因此，脉冲涡流可以比常规涡流检测技术提供更多的频域信息[35-38]。目前，脉冲涡流检测技术主要应用于导体较深层缺陷、飞机机身多层结构等的检测[39-43]。

此外，科学家还提出了其他涡流检测技术，如交变磁场测量（Alternating Current Field Measurement，ACFM）技术[44, 45]、远场涡流（Remote Field Eddy Current，RFEC）检测技术[45, 47]等。这些涡流检测技术是相互融合和交叉的，且各有优势，在不同的行业得到了广泛应用。

2. 热成像检测技术概况

自从 1800 年红外线被发现，人们知道它本质上就是一种电磁辐射，其波长为 0.75~1000μm，在电磁波谱中分布在微波和可见光之间。理论和实验研究表明，任何温度高于热力学温度的物体，都向外发出电磁辐射，并且绝大多数处于常温状态的物体的辐射峰值恰好在红外波段，所以红外线的热效应比可见光要强得多。自然界普遍存在着红外辐射，只不过我们的眼睛无法看到。红外辐射主要产生于原子和分子的运动，任何物体在常规环境下都会产生自身的分子和原子无规则的运动，并不停地辐射出红外能量，分子和原子的运动越剧烈，辐射的能量越大，物体表现就越热；反之，辐射的能量越小，物体越冷。所以将组成物体的原子、分子的无规则运动称为热运动，它是物质运动的最基本形式之一。红外辐射与热密切相关，因此红外辐射又称为热辐射[48]。

红外检测就是以红外辐射原理为基础，运用红外辐射测量分析方法和技术对设备、材料及其他被测对象进行测量和检验。当一个物体具有不同于周围环境的温度时，就会在内部产生热量的流动。热流在物体内部扩散和传递的过程中，缺陷对热传导的影响会反映在物体表面温度的差别上，形成"热区"和"冷区"，不同的温度分布与被测对象的状态紧密相关。实际上，缺陷所引起的故障绝大多数都以局部或整体温度分布异常为征兆，热状态的变化和异常往往是确定被测对象实际工作状态及判断其可靠性的重要依据。红外检测诊断技术正是通过对这种红外辐射能量的测量，测出物体表面的温度及温度分布，并进而对其内部是否存在缺陷、运行状态是否正常做出判断，这就是红外检测的基本原理[49]。

近 20 年来，随着可测量二维温度场的热像仪等设备飞速发展，诞生了红外热成像技术。利用先进的热成像技术可以将物体发出的红外辐射以可见的"热图像"的形式显示出来，观测效果直观，能检测出细微的热状态变化。它集成了光电成像技术、计算机技术、图像处理技术，成为具有独特检测优势的无损检测方法。目前，红外热成像技术已经在世界范围内（尤其是在发达国家）得到推广。美国、俄罗斯、法国和加拿大等国家已把热成像检测技术广泛应用于飞机复合材料构件内部缺陷检测、胶接质量检测和蒙皮铆接质量检测。美国韦恩州立大学的工业制造研究所在该技术领域的研究上一直得到美国政府机构和许多大公司科研基金的支持，处在该领域研究的最前沿，取得了很多实际的研究成果[50]。

红外热成像按检测方式可分为主动式和被动式[51]。主动式检测是在人工加热工件的同时或在加热后经过一段时间延迟后扫描记录或观察工件表面的温度分布。主动式检测的外部热源主要有热气流、闪光灯、热水。近几年又发展了新的热源,如激光、超声波、微波和电流[52,53]。被动式检测则是利用工件自身的温度不同于周围环境的温度,在待测工件和周围环境的热交换过程中显示出工件内部的缺陷,多用于运行中设备的质量控制。

主动式检测又可分为单面法与双面法。单面法又叫反射法,是指加热和探测在工件的同一面进行。双面法又叫穿透法,是指在被检对象的一个表面加热,而在其背面进行温度的记录与分析[54]。通常情况下,由于检测对象比较厚或复杂,或者是无法在检测对象两边安置加热与检测模块,反射法的应用更加广泛。反射法方便确定缺陷所处的深度,而穿透法具有较好的缺陷识别能力[55]。美国 NASA 在 Survivable Affordable, Reparable Airframe Program (SARAP)项目的支持下,分别研制了基于反射法和穿透法的热成像检测系统,如图 1.1 所示[56]。印度马德拉斯技术研究院(Indian Institute of Technology Madras)开发了穿透模式的热成像系统,对管道内壁缺陷和平板中薄壁缺陷进行了检测[57,58]。

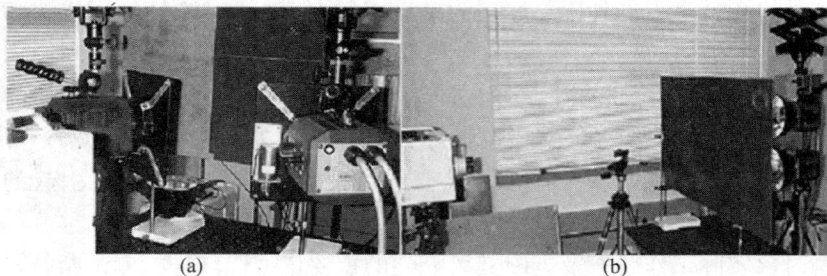

图 1.1　美国 NASA 开发的热成像检测系统

红外热成像检测技术具有以下几个特点[51]:

(1)非接触测量,不与被测物体接触,不破坏温度场。

(2)空间分辨率高,可测小目标与微损伤。

(3)反应快,热像仪可在几毫秒内测出目标温度。

(4)检测时操作简单,安全可靠,易于实现自动化和“实时”观测。

(5)检测距离可远可近。

(6)测量范围广,从 $-170°$ 至 $+3200°$ 以上。

(7)适用于表面及下表面缺陷。

(8)热成像结果直观可靠,便于分析检测结果。

目前,红外热成像检测技术的应用已经相当广泛,主要包括:

(1)航空航天器铝蒙皮加强筋开裂与锈蚀检测,机身蜂窝结构材料、碳纤维和玻璃纤维增强多层复合材料缺陷的检测、表征、损伤判别与评估。

(2)火箭液体燃料发动机和固体燃料发动机的喷口绝热层附着检测,涡轮发动机和喷气发动机叶片的检测。

（3）新材料特别是新型复合结构材料的研究，对其从原材料到工艺制造、在役使用研究的整个过程进行无损检测和评估，加载或破坏性试验过程中及其破坏后的评估。

（4）多层结构和复合材料结构中脱黏、分层、开裂等损伤的检测与评估。

（5）各种压力容器、承载装置表面及表面下疲劳裂纹的探测。

（6）各种黏结、焊接质量检测。

（7）涂层检测，各种镀膜、夹层的探伤。

（8）材料厚度和各种涂层、夹层厚度的测量。

（9）运转设备的在线、在役监测。

3. 涡流热成像检测技术概况

红外检测的热源激励有很多种，如光学、超声、激光、微波和电流[52, 53]。采用电流作为热源的热成像检测技术可分为电磁传导热成像检测技术与电磁感应热成像检测技术[59]。如图 1.2（a）所示，电磁传导热成像直接在被检物体中通以直流电或交流电。如图 1.2（b）所示，电磁感应热成像使用加载有交流电的导体靠近被检物体，使用电磁感应原理使被检物体中感应出涡流，利用焦耳效应加热被检物体。因此，电磁感应热成像检测技术又称为涡流热成像检测技术。

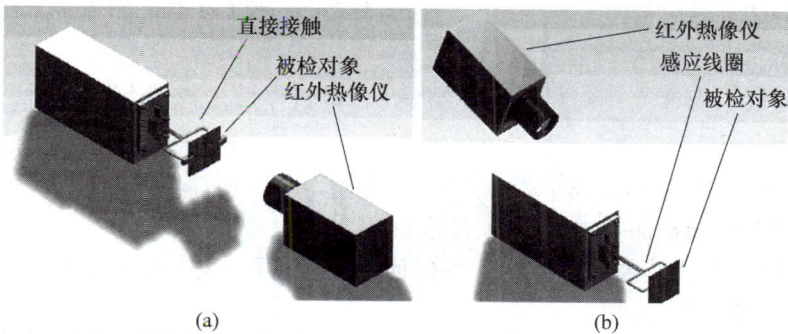

图 1.2　电磁传导热成像和电磁感应热成像

涡流热成像检测技术是涡流检测技术的改进。针对金属及其合金材料，涡流检测技术被广泛而深入地研究。但是，涡流检测方法也存在一些不足之处：

（1）受提离的影响，检测距离很小。

（2）检测空间分辨率受限。涡流检测传感器主要采用线圈、固态磁传感器等作为检测单元，这些检测单元的固有体积限制了涡流检测的空间分辨率。

（3）检测范围与效率受限。通常，涡流检测传感器的检测单元较少，检测范围与检测效率有限。提高检测范围与效率的主要方式是扫描与阵列。但是扫描式检测既耗时，又对被检对象表面粗糙度和材质均匀性要求比较高，而阵列设计

11

会提高成本与系统复杂度。

涡流热成像检测技术采用热成像仪观测被测构件的表面温度变化,最终对被检物体的表面及内部缺陷进行评估。相比传统的涡流检测技术,它具有以下优势:

(1)采用红外辐射测量物体表面温度,检测距离较大。

(2)与磁场传感器相比较,热像仪具有分辨率高的优点。

(3)检测效率高;热像仪可在几毫秒内测出目标温度,可以在较短时间内检测较大的范围。

(4)成像结果直观明了。

从热成像检测技术来看,涡流热成像检测技术是一种特殊的红外热成像检测技术。与其他红外热成像技术相比较,具有以下特点:

(1)只适用于导电材料。

(2)与超声热成像相比较,它是一种非接触检测方法。

(3)光学激励只能在物体表面施加热量,加热效率受表面状况影响,而涡流加热技术通过电磁感应加热,不受表面状态影响。

(4)涡流加热可直接加热物体内部(集肤深度以内范围),在此基础上,热波透入深度更大,因此检测深度更大。

(5)表面缺陷可以直接影响涡流场的分布,导致缺陷部位的热量不平衡,因此对表面微缺陷的检测效果更好。

(6)表面温度变化对电属性、热属性和材料厚度敏感,因此可评估的参数更多。

此外,与其他常用无损检测技术相比,该技术还具有以下优势:

(1)与射线检测技术比较,安全系数高。

(2)与超声检测技术比较,无需任何耦合剂,可实现非接触检测,且操作距离可远可近。

(3)与声发射检测技术比较,热成像结果直观可靠,便于分析。

(4)与磁粉及渗透法比较,操作简单方便。

1.4　涡流热成像检测技术的国内外发展现状

德国无损检测研究院(Fraunhofer Institute for Nondestructive Testing)对涡流热成像无损检测技术进行了一系列的理论研究[60,61]。该研究院还与 Siemens Energy 和 Siemens AG 等公司合作,对涡轮叶片中的裂纹进行检测。他们分别开发了固定式和便携式涡流热成像检测系统,如图 1.3(a)和(b)所示。他们开发的系统可以有效检测深 $100\mu m$ 的裂纹[59]。另外,他们还开发了电磁传导热成像检测系统,如图1.3(c)所示。

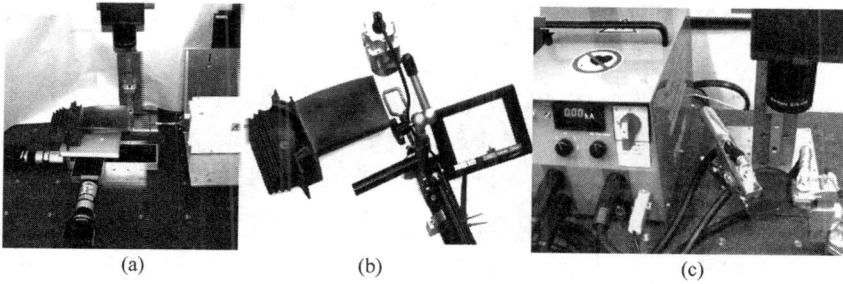

(a)   (b)   (c)

图1.3　德国无损检测研究院开发的涡流热成像系统

德国 MTU Aero Engines 公司开发了一套涡流热成像检测系统[62, 63],如图1.4(a)所示。该系统用于检测金属压缩机叶片的表面裂纹,如图1.4(b)所示。图1.4(c)显示了长0.8mm裂纹的检测结果。他们的实验证明该检测系统可以有效检测长×深为0.4mm×0.12mm的缺陷。

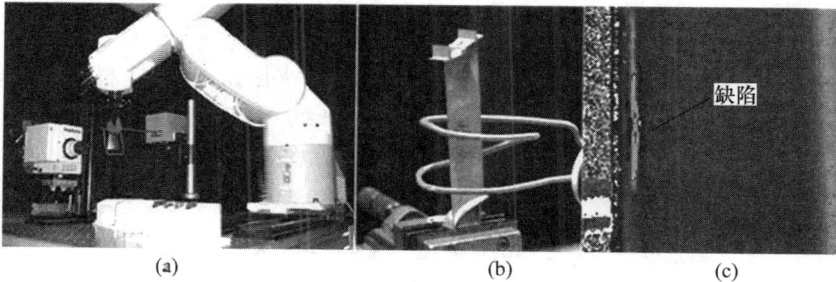

(a)   (b)   (c)

图1.4　德国 MTU Aero Engines 公司开发的涡流热成像系统及检测结果

英国纽卡斯尔大学在英国工程与自然科学研究理事会(Engineering and Physical Sciences Research Council, EPSRC)的资助下,对涡流脉冲热成像检测技术进行了研究。他们开发的涡流脉冲热成像系统已成功应用到金属材料中裂纹的检测[64],钢结构中腐蚀的检测[65],碳纤维复合材料中裂纹、撞击和分层缺陷的检测[66]。

奥地利莱奥本大学(University of Leoben)对涡流脉冲热成像检测技术进行了研究,提出了铁磁性材料表面加热的半解析模型[67, 68],采用有限元方法重点分析了不同金属材料中缺陷尺寸对检测结果的影响[69-71],并对杆索钢构件中的裂纹缺陷进行了检测评估[70]。

加拿大拉瓦勒大学(Laval University)研制了一套集成涡流无损检测和涡流热成像检测技术的系统,对钛合金蜂窝结构中的缺陷进行了检测[72]。

德国斯图加特大学(University of Stuttgart)[73, 74]和德累斯顿工业大学(Dresden University of Technology)[75]对涡流锁相热成像开展了研究。他们把高频激励电流与低频锁相信号进行幅度调制,采用热像仪获得被检物体表面周期变化的温度信号,通过傅里叶变换得到温度信号的幅值和相位信息,并进一步得到材料的内部信息。

国内对涡流热成像技术的研究基本处于起步状态。上海交通大学的学者曾对该技术开展过仿真研究[76]。南京航空航天大学的学者搭建了涡流热成像检测系统,并对CFRP中的分层损伤进行了检测,结果表明他们的系统可以检测出深1mm以内的分层缺陷[77]。国防科学技术大学的学者对涡流脉冲热成像检测技术进行了理论和仿真研究[78],并对钢结构中的腐蚀、碳纤维复合材料中的分层和撞击等损伤进行了检测评估,表明可有效检测能量为6J的撞击损伤[79, 80]。四川大学的学者研究了金属试件边缘区域裂纹的检测问题[81]。重庆大学的学者研究了检测信号的参数提取问题[32]。军械工程学院的学者提出了基于经验模态分析的提升小波阈值去噪方法[33]。

通过对国内外发展动态的分析可以发现,涡流热成像检测技术的研究热点主要表现在以下几方面。

1) 不同材料的感应加热机理及缺陷检测机理

根据材料电磁属性的不同,涡流加热方式是不同的。铁磁性材料具有较大的磁导率,通常肌肤深度非常小。激励信号频率为100kHz时,集肤深度约为0.04mm。在这种情况下,表面缺陷的检测主要依靠涡流场的扰动来进行[68, 82],而内部及下表面缺陷的检测只能依靠热传递过程[83]。碳纤维复合材料的电导率非常小,导致集肤深度较大,如激励信号频率为100kHz时,集肤深度大约为50mm。这种情况下,缺陷的识别主要既要依靠涡流场的扰动过程,也要依靠热传递过程[60]。澳大利亚莱奥本大学的学者分析了不同金属材料对表面温度场的影响,并提出了表面加热的半解析模型[69-71]。针对不同被检材料,研究相应的电磁感应加热机理及缺陷检测机理是当前涡流热成像领域的一个研究热点。

2) 基于涡流场扰动的缺陷评估

早在20世纪90年代,日本大阪大学的Takahide Sakagami等人就提出了基于奇异场(Singular Current Field)的缺陷识别方法[84]。他们指出,穿透型裂纹的尖端会产生较多的热量。英国纽卡斯尔大学的John Wilson等人采用解析模型、数值有限元模型和实验对两种典型缺陷的检测方法进行了研究。一种缺陷是无限长有限深,另一种缺陷是有限长无限深。研究结果表明:涡流会在无限长有限深缺陷的底部汇集,导致底部显示较高温度;涡流还会在有限长无限深(穿透型)缺陷的尖端汇集,进而产生较多热量[82, 85]。希腊佩特雷大学的Tsopelas等人研究了圆柱形激励线圈下不同走向裂纹的可检测性[86],他们的仿真和实验研究结果表明,与涡流垂直的裂纹具有最高的检测灵敏度,与涡流走向平行的裂纹具有最低的检测灵敏度。基于涡流场扰动的缺陷评估方法是当前的一个研究热点。

3）深层缺陷的检测方法

由于集肤效应(Skin Effect)，涡流检测技术只适用于检测表面及亚表面缺陷。尤其对于磁导率较大的铁磁性材料，其集肤深度更小，直接导致涡流检测技术的检测深度受限。目前，国内外学者对涡流热成像缺陷识别方法的研究主要集中在涡流场扰动的基础上。由于涡流脉冲热成像检测技术采用较高的激励频率(几万赫到几十万赫)，使得基于涡流场扰动的缺陷评估方法也只适用于表面缺陷。多年来，国内外学者都致力于提高电磁检测技术的检测深度[87]。Y. He 提出了基于热传递的深层缺陷评估方法，仿真研究和实验研究结果表明，该方法可有效检测超出集肤深度的下表面缺陷[83]。采用较低频率的锁相信号与高频交流激励信号进行调制，对周期变化的温度信号进行傅里叶分析，利用提取出的幅值和相位信息，也可以有效提高检测深度[73-75]。

4）缺陷深度的定量方法

缺陷深度的定量方法一直是热成像检测领域中的一个研究热点。目前，多数定量方法都是基于差分温度法[88]，如 Ringermacher 等人提出的基于差分温度的斜率法[89]。这些方法都需要无缺陷区域的温度信号作为参考信号。Shepard 等人提出了一种新的方法，消除了参考信号的影响。该方法把温度变化曲线转化到对数域进行分析，利用其二阶导数的最大值来确定缺陷的深度[90]。加拿大学者提出了基于相位的缺陷深度定量方法[91]。以上方法都来自传统的光学热成像检测技术，能否应用到涡流热成像领域还有待进一步研究。Y. He 提出了基于热传递的深层缺陷深度定量评估方法，并以钢为对象进行了仿真研究和实验研究，结果表明：缺陷离表面的距离与时域信号的峰值时间呈正比关系[83]。目前，涡流热成像领域中的缺陷深度定量方法还不完善，正是各国学者研究的重点。

5）检测数据处理方法

数据处理一直是热成像检测领域的一项关键技术，主要用于提高信噪比，增强缺陷的可显示性。目前，涡流热成像检测技术中很多数据处理方法来自传统光学热成像技术，如数据归一化、傅里叶分析、小波分析、多项式拟合、主成分分析、独立成分分析等[92]。英国纽卡斯尔大学的学者使用数据归一化来消除提离的影响[66]，并提出"早期检测"的方式，对涂层下轻微腐蚀进行了检测[93]，他们还使用归一化互相关的方式来快速提取特征值[94]。Y. He 等人提出了基于 Tucker 变换的图像重构方法，并在 CFRP 撞击损伤的检测评估中得到了应用[95]。希腊 Tsopelas 使用空间导数和离散傅里叶变换处理涡流热成像的温谱图，改善了缺陷的显示效果[86]。涡流热成像检测技术的数据量非常大，如何对大容量数据进行快速处理，是涡流热成像检测技术走向实用的一个关键技术，目前正是国内外的研究热点。

6）"模糊效应"的抑制

涡流热成像技术采用热像仪直接观测被检物体表面的温度分布，具有快速化、非接触、高分辨率、结果直观明了的优点。但是该技术也受热传递的负面影响。热传递是一个三维过程，该技术对微缺陷和深层缺陷的检测能力受热传递横向"模糊效应"的影响而降低。研究表明，体积/深度比大于 $2(k=l/d, l$ 为缺陷张开的宽度，d 为缺陷与表面的距离) 的缺陷可以在热成像原始数据中直接观察出来。但是一些深层缺陷(d 很大) 或近表面微缺陷(l 很小) 很难在原始数据中发现，这是因为深层缺陷或表面微缺陷的信息很容易被背景噪声所淹没，即缺陷部位与非缺陷部位的温差由于热传递的"模糊效应"变得很微弱。因此，研究合适的图像重构与增强算法来抑制"模糊效应"，提高对深层缺陷与微缺陷的检测能力，是目前该领域的一个研究热点[92, 93, 96, 97]。

7）碳纤维复合材料中缺陷的评估

碳纤维复合材料具有一定导电性，但是与金属相比，导电能力很弱。而且，碳纤维结构具有非均匀性和各向异性，背景噪声比较复杂。这些特点在很大程度上制约了涡流检测技术在碳纤维复合材料检测中的应用。由于激励电流功率大、检测范围较大、可以同时观察电属性和热属性的变化等优势，涡流热成像检测技术在碳纤维复合材料检测中具有一定优势，是目前国内外学者的研究重点[66, 78, 95]。碳纤维复合材料中的损伤比较复杂，各个损伤的形成机理也有很大区别。如低速低能量撞击可在复合材料表面造成凹坑，而高速高能量撞击会破坏纤维结构造成裂纹，同时又会导致内部出现分层缺陷。如何有效评估这些损伤及附带损伤，是复合材料测试和涡流热成像领域急需解决的问题之一[66]。

尽管涡流热成像检测技术得到了深入的研究和快速的发展，并已广泛应用于金属材料和导电复合材料的检测评估。但是，该技术系统的检测理论和方法尚未完全建立，主要表现在：

（1）涡流热成像检测实际上是多物理场耦合问题，传统的单一涡流思想不能获取理想的检测效果。目前所建立的缺陷识别方法主要基于缺陷对涡流场扰动的原理，该方法只能对导电材料集肤深度之内的缺陷进行检测，无法检测集肤深度之外的缺陷，更无法检测非导电材料（如金属表面涂层）中的缺陷。实际上，热量可以在集肤深度的基础上向被检对象内部和相邻非导体材料继续传播，这就给导体内部缺陷和导体表面的非导体涂层材料检测提供了另一种途径。但是，目前尚未建立完善的基于多物理场耦合的缺陷评估理论及方法。

（2）特征量的提取局限于信号本身而忽视其物理本质。涡流热成像检测技术已成功应用到金属裂纹检测[81, 85]，碳纤维复合材料中裂纹、撞击和分层缺陷的检测评估[66]，钢结构中腐蚀的检测[79, 98]。实际检测中，热像仪测量的温度变

16

化信号是材料电属性、热属性、表面属性和提离等因素的综合体,而人们所感兴趣的可能只是其中的某个因素。近年来,科研工作者提取了很多特征值来分离和表征所感兴趣的参数。但是,提离和材料的属性带来的影响还是很难被完全理解。如何从涡流热成像响应信号中提取合适的特征值并表征材料属性(如电导率、热导率)和提离的变化是涡流热成像检测领域需要解决的一个关键问题。

(3)信息挖掘与应用不完善。目前的信息挖掘和应用主要依靠时域的温度序列,难以克服加热不均匀、表面形状复杂和表面发射率变化等因素带来的负面影响。光学热成像领域的研究工作表明,频域相位信息具有抑制这些负面影响的优势[91, 99]。由理论分析可知,脉冲激励下的检测信号含有丰富的频域信息。因此,可以利用涡流脉冲激励下检测信号的相位信息来抑制这些负面影响,实现更加准确的定量检测。但是,涡流热成像领域中利用相位信息测量缺陷深度和材质属性的理论及方法尚未建立。

(4)多层复杂结构中损伤定量评估研究不深入。多层复杂结构与传统的金属材料有本质的不同,不同层之间的电属性和热属性差别很大,如发动机叶片的热障涂层,其底层为导电的镍基或钴基高温合金,顶层为隔热的陶瓷材料。更为复杂的是,同一层还具有各向异性等特性,如碳纤维复合材料每层中间含有导电的碳纤维与绝缘的基体。这些特性导致了多物理场耦合机理更加复杂、热异常信息的来源增多、检测信号的信噪比下降,这恰恰是目前研究的薄弱环节,直接导致了多层复杂结构中损伤定量评估方法的不完善。

(5)缺陷检测识别的自动化程度还处于较低级的水平。随着计算机学科和信息学科的发展,越来越多的人工智能和模式识别算法被引入到传统无损检测技术中,如支持向量机(Support Vector Machine,SVM)[100, 101]、人工神经网络(Artificial Neural Networks,ANN)和专家系统等。机器学习算法在1990年就被引入到了涡流无损检测领域[102, 103]。实际检测中,缺陷的种类和位置多种多样,它们的分类识别是缺陷定量的前提。目前,涡流热成像的缺陷分类识别技术取得了很大的进展。然而,这些方法都需要操作者来判断缺陷的种类,很容易带来人为因素的干扰。因此,如何使用人工智能方法准确的进行缺陷的自动分类识别,是涡流热成像领域需要解决的问题之一。

第2章 涡流热成像检测技术基础

2.1 热成像检测技术基础

热成像检测技术根据红外辐射基本原理,采用红外热像仪记录被检测对象的表面温度变化,利用热波在材料内部的传播规律,对被测对象中缺陷和材料属性进行评估。由此可见,红外辐射、红外热成像和热波理论是热成像检测技术的基础。

1. 红外辐射的基本理论

任何物体内部的带电粒子都是处于不停的运动状态的。当物体的温度高于热力学温度 0K($-273℃$)时,它就会不断地产生电磁辐射。物体的自发辐射,在常温下主要是红外辐射。它是人眼看不见的光线,波长为 $0.75 \sim 1000\mu m$。因为这一波段的波长大于红光的波长,位于可见光和微波之间,它又被称为红外辐射或红外线。又因为任何温度超过热力学零度的物体,都会不间断的向周围发出红外辐射,所以也将红外辐射称为热辐射。

对于红外辐射波段的分界线选择,每个国家的规定不尽相同。但大致可以做出如下分界:

(1) 近红外线,波长范围: $0.75 \sim 3\mu m$。

(2) 中红外线,波长范围: $3 \sim 6\mu m$。

(3) 远红外线,波长范围: $6 \sim 15\mu m$。

(4) 极远红外线,波长范围: $15 \sim 1000\mu m$。

不同波长的红外辐射与大气分子的相互作用不同,它们在大气中的传播特性也不同。大气的主要组成成分 O_2、N_2 等不能吸收 $15\mu m$ 以下的红外辐射。而 O_3、CO_2、H_2O 等在不同波段均能吸收红外辐射。另外 CO、CH_4 等对红外辐射也有一定的吸收作用。综合以上因素,红外辐射在大气传输过程中会有一定程度的衰减。只有三个红外波段的红外辐射能够透过大气向远处传输,它们分别是 $1 \sim 2.5\mu m$、$3 \sim 5\mu m$ 和 $8 \sim 13\mu m$。红外热像仪的设计和制造正是利用了这三个波段的特性。

从 1860 年—1900 年,人们逐步建立起了完整的红外辐射理论,其核心包括透射、反射和吸收定律、基尔霍夫定律和普朗克定律。以下介绍几个重要的红外辐射概念和基本定律。

1）黑体（Black Body）

基尔霍夫率先提出了黑体的概念，他将黑体定义为一个可以吸收所有辐射的物体，并且认为黑体在吸收任意波长辐射的同时也能够产生辐射。能够100%吸收入射辐射的物体称为绝对黑体，绝对黑体既不存在对入射辐射的反射，也不存在对入射辐射的透射。这只是科学上的理论研究结果，而在实际环境中完全吸收入射辐射的现象并不存在，也没有绝对黑体存在，存在于现实中的物体都会有反射、吸收和透射现象。通过不懈努力，目前科学家能够制造的黑体，其吸收的入射辐射最多可高于 99.97%。虽然黑体是抽象出来的一种理想化物理模型。但黑体的红外辐射定律是研究红外及其应用的基础，它揭示了红外辐射随温度与波长变化的关系[104]。

2）透射、反射和吸收定律

一般而言，温度一定的情况下，当红外辐射入射到一个物体表面时，一部分能量被吸收，一部分能量被反射，还有一部分能量经物体透射出去，即发生吸收、反射和透射三种物理现象。

吸收本领表示物体对入射到其上的红外辐射的吸收能力，用数字表示吸收本领就是吸收率 α_T；吸收率无量纲，为吸收量和入射量之比。

反射本领表示物体对入射到其上的红外辐射的反射能力，用数字表示反射本领就是反射率 ρ_T；反射率无量纲，为反射量和入射量之比。

透射本领表示物体对入射到其上的红外辐射的透射能力，用数字表示透射本领就是反射率 τ_T；透射率无量纲，为透射量和入射量之比。

假设入射到物体表面上的辐射能量为 1，按照能量守恒定理，吸收率、反射率和透射率之和为 1，即三者满足如下关系：

$$\alpha_T + \rho_T + \tau_T = 1 \tag{2.1}$$

3）基尔霍夫定律（Kirchhoff's Law）

1860 年—1862 年，基尔霍夫深入研究了物体热辐射的吸收与反射现象，引入了发射本领和吸收本领的概念，定义了吸收率和发射率，建立了黑体模型，发表了具有严格定量形式的基尔霍夫定律。

基尔霍夫定律可表述为：物体发射本领和吸收本领的比值仅与辐射波长和温度有关，而与物体的性质无关，该比值是对所有物体的普适函数。在一定温度下，物体对波长 λ 的辐射出射度 $M(\lambda, T)$ 与物体对波长 λ 的吸收率 $\alpha(\lambda, T)$ 成正比，该比例系数 $f(\lambda, T)$ 可表示为

$$\frac{M(\lambda, T)}{\alpha(\lambda, T)} = \frac{M_b(\lambda, T)}{\alpha_b(\lambda, T)} = M_b(\lambda, T) = f(\lambda, T) \tag{2.2}$$

式中：$M_b(\lambda, T)$，$\alpha_b(\lambda, T)$ 分别为黑体的辐射出射度和吸收率。对于黑体而言，

$\alpha_b(\lambda,T)$ 为 1，故上述普适函数就是黑体的辐射出射度 $M_b(\lambda,T)$。如果获得黑体辐射出射度的具体数学表达式，就得到了最基本的红外辐射定律。

4）普朗克定律（Planck's Law）

1895 年—1901 年，卢梅尔、普林舍姆和库尔鲍姆等人系统地测量了黑体辐射。在仔细研究了黑体辐射的实验数据后，普朗克在 1900 年提出了量子论和黑体辐射理论。他指出，一个热力学温度为 T 的黑体，单位表面积在波长 λ 附近单位波长间隔内向整个半球空间发射的辐射出射度 $M_b(\lambda,T)$ 与波长 λ、温度 T 满足下列关系：

$$M_b(\lambda,T) = \frac{c_1}{\lambda^5}\left(\exp\left(\frac{c_2}{\lambda T}\right) - 1\right)^{-1} \tag{2.3}$$

式中：c_1 为第一辐射常数，$c_1 = 2\pi hc^2 = 3.7418 \times 10^{-16}(\mathrm{W \cdot m^2})$；$c_2$ 为第二辐射常数，$c_2 = hc/k = 1.438769 \times 10^{-2}(\mathrm{m \cdot K})$；$c$ 为光速，$c = 2.997925 \times 10^8(\mathrm{m/s})$；$h$ 为普朗克常数，$h = 6.626196 \times 10^{-34}(\mathrm{W/s^2})$；$k$ 为玻耳兹曼常数，$k = 1.3807 \times 10^{-23}(\mathrm{W \cdot s/K})$。

黑体辐射曲线具有如下特征：

（1）黑体光谱辐射出射度随波长连续变化，且具有单一峰值。

（2）随着温度的升高，与 $M_b(\lambda,T)$ 对应的峰值波长减小，辐射中长波长辐射所占的比例减小。

（3）随着温度的升高，黑体辐射曲线相对于原来温度的曲线全部提高，即在任意指定波长处，温度越高的黑体对应的 $M_b(\lambda,T)$ 也越大。

（4）随着温度的升高，黑体辐射的幅度按指数增长。

5）斯忒藩 – 玻耳兹曼定律（Stefan – Boltzmann's Law）

斯忒藩 – 玻耳兹曼定律描述的是黑体单位表面积向整个半球空间发射的所有波长的总辐射功率 $M_b(T)$（简称为全辐射度）随其温度的变化规律。因此，该定律由普朗克辐射定律对波长积分得到

$$\begin{aligned} M_b(T) &= \int_0^\infty M_b(\lambda,T)\,\mathrm{d}\lambda \\ &= \int_0^\infty \frac{c_1}{\lambda^5\left[\exp\left(\frac{c_2}{\lambda T}\right) - 1\right]}\mathrm{d}\lambda \\ &= \sigma_{sb}T^4 \end{aligned} \tag{2.4}$$

式中：σ_{sb} 为斯忒藩 – 玻耳兹曼常数，$\sigma_{sb} = (5.6697 \pm 0.0029) \times 10^{-8}(\mathrm{W/(m^2 \cdot K^4)})$。斯忒藩 – 玻耳兹曼定律表明，凡是温度高于热力学零度的物体都会自发地向外产生辐射。而且，黑体单位表面积发射的总辐射功率与热力学温度的四次方成正比。当温度有较小变化时，就将会引起物体发射的辐射功率的很大变化。

6）朗伯余弦定律

朗伯余弦定律:黑体在任意方向上的辐射强度与观测方向相对于辐射表面法线夹角的余弦成正比,即

$$I_\theta = I_0 \cos\theta \tag{2.5}$$

式中:I_0 为辐射表面法线方向的辐射强度;I_θ 为辐射表面与法线夹角为 θ 方向的辐射强度。

该定律表明,黑体在辐射表面法线方向的辐射最强。因此,实际做红外检测时,应尽可能选择在被测表面法线方向进行,如果在与法线成 θ 角方向检测,则接收到的红外辐射信号将减弱成法线方向最大值的 $\cos\theta$ 倍。

7）实际物体的红外辐射

根据基尔霍夫定律,实际物体的辐射出射度 $M(\lambda,T)$ 和吸收率 $\alpha(\lambda,T)$ 的比值与物体的性质无关,等于同一温度下黑体的辐射出射度 $M_b(\lambda,T)$。这表明,吸收本领大的物体,其发射本领也大,如果该物体不能产生某一波长的辐射,也绝不能吸收此波长的辐射。

实验表明,实际物体的辐射出射度除了依赖于温度和波长外,还与构成该物体的材料性质及表面状态等因素有关。这里,引入一个随材料性质及表面状态变化的辐射系数,就可把黑体的基本定律应用于实际物体。这个辐射系数,就是常说的发射率,或称之为比辐射率,其定义为实际物体与同温度黑体辐射性能之比。这里,不考虑波长的影响,只研究物体在某一温度下的全发射率:

$$\varepsilon = M(\lambda,T)/M_b(\lambda,T) \tag{2.6}$$

相应地,斯忒藩－玻耳兹曼定律应用于实际物体时,可表示为

$$M(\lambda,T) = \varepsilon\sigma T^4 \tag{2.7}$$

2. 红外热成像原理

红外热成像系统实际上就是一个测温系统,其利用物体的辐射能量与温度之间的对应关系进行温度测量.最后采用不同的颜色与温度对应体系,将物体表面的温度分布用人眼可识别的颜色图形显示出来。热像仪的结构大致分为两大部分:

（1）光学部件。其作用是将待测试件的红外辐射集中到热探测器上。

（2）热探测器。其作用是将红外辐射转换成人眼可见的图像。

进行温度测量时,将普朗克公式在探测器工作波长范围内积分就可以得出目标辐射率的大小。由于目标温度与辐射率之间存在着固定的对应关系,用红外探测器测出目标的热辐射功率,就能计算出目标的表面温度,这就为红外热成像测温奠定了理论基础。以黑体为标准,根据热探测器输出电压 V 与温度 T 的关系,测定样本点,建立 V 与 T 的映射关系。将电压值 V 数字化后表示为 d,则

可以得到整个系统的温度标定查找表 $T(d)$。测量温度时，以 d 为索引，就可找出相应的温度。

热成像技术可获取景物大视场的红外辐射图像，当采用红外热像仪对物体进行检测时，热像仪的瞬时视场将物体表面分解成一个个像元，然后由内部光学组件将代表各像元温度的辐射能量按一定规律汇聚到探测器上，探测器输出电信号的幅度与输入辐射能量的大小成正比；输出信号经过处理后，在显示器上显示出对应于物体表面温度分布的热像图，经过系统定标后可实现对景物场景的图像测温，这样就实现了红外热成像测温系统。

3. 红外热波检测原理

热波理论是红外热波检测技术的理论基础之一。傅里叶于 1824 年在他的"固体热传导理论"一书中第一次提到热波（Thermal Waves）的概念[105]。具体地说，热波是指随时间变化的热源加热后，介质内热传播和温度分布所形成的波。简单地说，热波是随时间周期变化的温度场。例如，昼夜气温变化就是以 24h 为周期（10^{-5} Hz）的热波。与任何波动一样，热波在媒介中有特定的传输规律，并在其传输过程中与媒介材料发生相互作用。热波理论从一个全新且方便的视角描述了介质中温度场的变化。

与传统的热成像检测技术（被动式）不同，红外热波检测要根据不同的检测对象采用主动式加热来激发被检物的内部损伤和缺陷。当试件被热源加热后，在趋于热平衡的过程中，其表面温度场随空间和时间的变化方式不仅与物体材料有关，也受物体内部结构和不均匀性的影响，热波的传播方式由材料特性、几何边界形状和边界条件决定。不同材料表面及内部的物理特性将影响热波的传输，多数情况下，局部的缺陷使得热非均匀传播，此处热波将会发生散射和反射等，并以某种方式在材料表面的温度场变化上反映出来。如图 2.1 所示，虚线代表材料表面的温度分布。当材料中没有缺陷时，被检物体表面的温度保持平稳变化；如图 2.1（b）所示，当材料中存在隔热型缺陷时，缺陷区域表面的温度高于周边区域；如图 2.1（c）所示，当材料中存在导热型缺陷时，缺陷区域表面的温度低于周边区域。材料表面的温度场变化会导致材料表面红外辐射能力的差异。因此，红外辐射将会载有材料内部的特征信息。利用红外热成像技术记录材料表面的红外辐射并将人眼不可见的红外辐射转化成可见的温度图像，就可以获取材料的均匀性信息及其表面下的结构信息，达到检测和探伤的目的。

当一个工件的几何尺寸、热物理特性参量、加热条件、环境温度、内部缺陷位置及形状都确定后，可以借助数学模型计算出被检对象表面的温度差异，从理论上对红外热波无损检测进行分析。在进行理论分析时，经常把被检对象简化为一维热传导模型。在给定脉冲热源和边界条件的前提下，求解热传导方程，可以

22

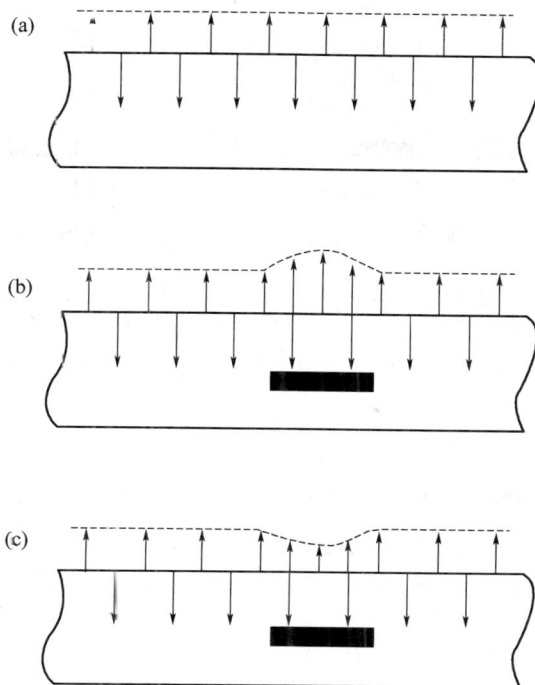

图 2.1　红外热波检测原理

得到表述热波在媒介中传播的函数。一维热传导方程可以表示为

$$\rho C_p \frac{\partial T(z,t)}{\partial t} - \nabla(k \nabla T(z,t)) = Q \qquad (2.8)$$

式中: z 为距试件表面的距离; $T(z,t)$ 为 t 时刻 z 处的温度; Q 为脉冲热源; k 为热导率; C_p 为材料的比热容。通过求解热传导方程,可以得到试件内部距表面 z 处的温度变化为

$$T(z,t) = \frac{Q}{\sqrt{\pi \rho C_p k t}} \exp\left(-\frac{z^2}{4\alpha t}\right) \qquad (2.9)$$

式中: α 为热扩散系数,可以表示为

$$\alpha = \left(\frac{k}{\rho C_p}\right) \qquad (2.10)$$

热扩散系数越大的物体对外界热环境的改变反应越快。在实际检测中,只能获取到试件表面的温度。试件表面($z=0$)无缺陷区域的温度变化可以表示为

$$T_n(0,t) = \frac{Q}{\sqrt{\pi \rho C_p k t}} \qquad (2.11)$$

假如试件内部存在缺陷,且缺陷离表面的距离为 d ,热波将受到缺陷阻碍并

23

反射传播,则缺陷区域的试件表面温度可以表示为

$$T_d(0,t) = \frac{Q}{\sqrt{\pi\rho C_p kt}}\left(1 + 2\exp\left(-\frac{d^2}{\alpha t}\right)\right) \qquad (2.12)$$

采用红外热像仪记录试件表面的温度变化,并对温度变化曲线进行对比分析,就可以判断试件内部是否存在缺陷。从温度曲线上提取一些特殊的特征值,还可以对缺陷的深度 d 进行表征。缺陷区域与无缺陷区域的温度差可以表示为

$$\Delta T = T_d(0,t) - T_n(0,t) = \frac{2Q}{\sqrt{\pi\rho C_p kt}}\exp\left(-\frac{d^2}{\alpha t}\right) \qquad (2.13)$$

对式(2.13)进行微分,可以得到温度差的最大值出现的时间为

$$t_{max} = \frac{2d^2}{\alpha} \qquad (2.14)$$

该特征值称为峰值时间,可以表征缺陷距表面的深度 d 和材料的热扩散系数 α。此外,还可以提取其他一些特征值对缺陷进行检测评估,或对材料属性进行测量[106]。这部分内容在红外热成像领域得到了广泛而深入的研究,此处不做赘述。

2.2 涡流热成像检测技术原理

主动式红外热成像检测技术的关键技术之一是加热源的选择,目前可用的加热源包括超声波、高能闪光灯、电磁、热风、激光和微波等。针对不同的材料和结构,选择合适的加热源是十分重要的。涡流热成像检测技术采用电涡流对导体材料进行加热,可以看做是一种特殊的红外热成像检测技术。

1. 涡流热成像检测技术基本原理

图2.2为涡流热成像检测技术的基本原理示意图。采用载有高频交流电的感应线圈在导体材料表面或内部感应出涡流;根据焦耳定律,部分涡流将转化为焦耳热;该热量会在物体内部进行传播,并导致材料表面的温度变化;采用红外探测器记录分析材料表面的温度变化,就可以达到缺陷检测的目的。可见,该技术主要涉及三个物理过程:涡流加热、热传递和红外辐射。

在激励线圈中通以一定频率 f 的交变电流,由于电磁感应现象,被检对象内部会感应出同频率的电涡流。此涡流会聚集在被检对象的表面,其密度随着深度快速衰减,这一现象被为集肤效应。涡流透入的深度称为集肤深度,其公式可表示为

$$\delta = \frac{1}{\sqrt{\pi\mu\sigma f}} \qquad (2.15)$$

式中:f 为激励电流频率;σ 为材料的电导率（S/m）;μ 为材料的磁导率（H/m）。根据焦耳定律可知,部分涡流会在材料内部由电能转化为热能,且产生的热量 Q 正比于涡流密度 J_s 和电场密度 E:

$$Q = \frac{1}{\sigma} \mid J_s \mid^2 = \frac{1}{\sigma} \mid \sigma E \mid^2 \qquad (2.16)$$

产生的焦耳热 Q 将会在材料内部传播,其传播规律遵循式(2.17)。

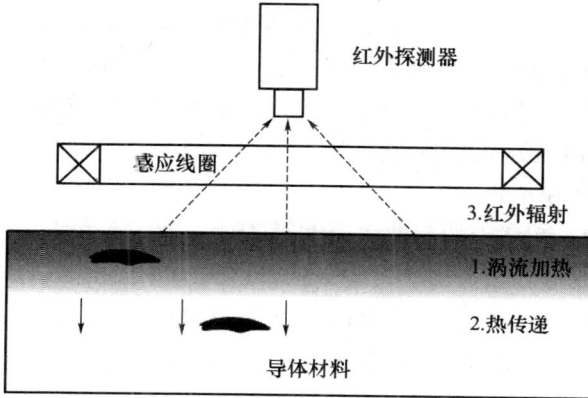

图 2.2 涡流热成像基本原理示意图

式中:ρ, C_p, k 分别为材料的密度、热容量和热导率。

$$\rho C_p \frac{\partial T}{\partial t} - \nabla (k \nabla T) = Q \qquad (2.17)$$

简单而言,由焦耳热产生的热量将会以热波的形式在被检材料中传播一定距离,该热波透入深度可以用式(2.18)来表示[59]。

$$\delta_{th} \approx \sqrt{\alpha t} \qquad (2.18)$$

式中:α 为热扩散系数;t 为观测时间。α 可以表示为 ρ, C_p, k 的函数,即

$$\alpha = \frac{k}{\rho C_p} \qquad (2.19)$$

采用红外探测器记录表面温度时,遵循红外辐射基本定律。斯忒藩 – 玻耳兹曼定律陈述了黑体表面每单位时间辐射的能量正比于黑体的热力学温度,即

$$j^* = \sigma_{sb} T^4 \qquad (2.20)$$

式中:σ_{sb} 为斯忒藩 – 玻耳兹曼常数;T 为热力学温度。斯忒藩 – 玻耳兹曼定律表明,凡是温度高于热力学零度的物体都会自发地向外产生红外热辐射。而且,黑体单位表面积发射的总辐射功率与热力学温度的四次方成正比。只要温度有较小变化,就将会引起物体辐射功率的很大变化。实验表明,实际物体的辐射度除了依赖于温度和波长外,还与构成该物体的材料性质及表面状态等因素有关。

科学家引入一个随材料性质及表面状态变化的辐射系数,就可把黑体辐射的基本定律应用于实际物体。这个辐射系数,就是常说的发射率 ε,其定义为实际物体与同温度黑体辐射性能之比。这里,不考虑波长的影响,只研究物体在某一温度下的全发射率,则斯忒藩 – 玻耳兹曼定律应用于实际物体时可表示为

$$j^* = \varepsilon \sigma_{sb} T^4 \tag{2.21}$$

可见,实际物体的辐射与本身的发射率 ε 和热力学温度的四次方成正比。

由以上分析可知,当被检材料内部或表面存在缺陷时,将会影响涡流加热、热传递或红外辐射过程,最终会在红外探测器记录的物体表面温度中体现出来。因此,分析热像仪记录的温度变化,就可以达到检测和评估缺陷的目的。

2. 涡流热成像检测技术分类

1) 根据加热方式的分类

涡流热成像检测技术的关键技术之一是加热方式的选择。只有选择适当的加热方式,才能够更好地得到它与被测材料之间相互作用的信息。根据加热方式的不同,主动式红外热成像技术可以分为锁相热成像(Lock – in Thermography)技术和脉冲热成像(Pulsed Thermography)技术。同样,涡流热成像检测技术可分为涡流脉冲热成像检测技术[85, 94]和涡流锁相热成像检测技术[73]。

二者的激励信号是不同的。涡流脉冲热成像采用一段时间(加热时间)的交变电流(通常为几千赫至几十万赫)作为激励信号,其激励波形如图2.3(a)所示。而涡流锁相热成像的激励信号波形如图2.3(b)所示,它是由较高频率的交变电流与低频锁相信号经幅度调制而成。

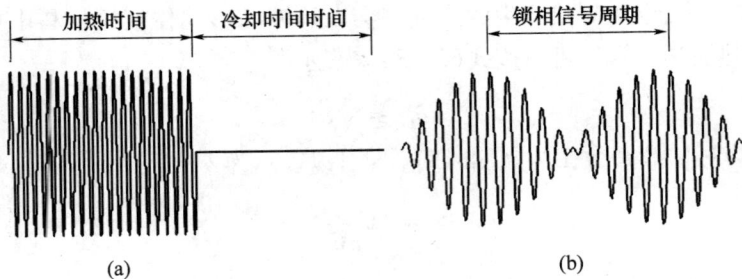

图2.3　涡流热成像不同的激励信号

二者的温度响应信号也是不同的。涡流脉冲热成像通常记录加热阶段和冷却阶段的温度信号。如图2.4(a)所示,涡流脉冲热成像记录的温度信号通常是一个脉冲信号,包含两个阶段——加热阶段和冷却阶段。而涡流锁相热成像只记录加热阶段的温度信号,它通常是一个交变信号,如图2.4(b)所示。

激励信号和响应信号的不同决定了二者的数据处理方式也是不同的。涡流脉冲热成像使用瞬态处理方法,提取温度最大值、峰值时间等特征值来表征材料

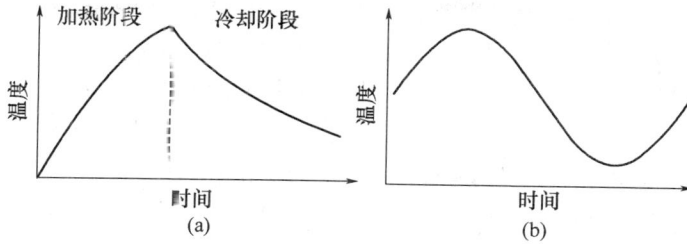

图 2.4 涡流热成像不同的响应信号

的属性及缺陷的信息。而涡流锁相热成像技术采用稳态处理方法,使用傅里叶变换技术,获得检测信号在锁相频率时的幅值和相位信息,进而对材料属性和缺陷进行表征。

涡流锁相热成像采用的调制频率比较低,通常为 0.1~1Hz,且一次测量通常需要几个周期。因此,涡流锁相热成像技术的检测速度较涡流脉冲热成像检测技术慢。但是,涡流锁相热成像检测技术使用相位信息具有一些特殊的优势,如抑制加热不均匀、表面形状复杂和表面发射率变化等因素带来的负面影响[91, 99]。一些科学家集成二者的优点,提出了涡流脉冲相位热成像检测技术。它使用涡流脉冲热成像的激励方式,使用涡流锁相热成像的数据处理方式,可以在较短时间内分析相位信息。就目前发展而言,涡流脉冲热成像检测技术得到了最广泛的研究。

2)根据感应线圈和热像仪的位置分类

根据感应线圈和红外热像仪的不同位置,涡流热成像可分为单面法与双面法。单面法又称为反射法,是指加热和探测在工件的同一面进行。双面法又称为穿透法,是指在被检对象的一个表面加热,而在其背面进行温度的记录与分析[54]。通常情况下,检测对象比较厚或复杂,无法在检测对象两边放置加热模块与热像仪。因此,在实际检测中,反射法的应用更加广泛[78]。

3. 材料属性差异对缺陷评估的影响

涡流热成像检测技术使用非接触的电磁感应加热方式,对导电材料进行主动式加热。实际上,导电材料种类各异,它们电属性的差异导致它们的感应加热方式也是有一定区别的。

表 2.1 列举了四组材料在 100kHz 激励电流下的集肤深度和 100ms 后的热波透入深度[60,61]。第一组铁磁性材料具有较大的磁导率,它们的集肤深度远小于热波透入深度。第二组非铁磁性材料是非常好的导体,但是集肤深度也大约只是热透入深度的 1/10 左右。第三组金属合金具有比较低的电导率和热传播系数,因此集肤深度和热透入深度处于比较相当的量级。第四组材料是碳纤维复合材料和半导体陶瓷材料,它们的电导率很小,因此集肤深度远大于热透入深

27

度。根据不同的集肤深度,可把感应加热方式归纳为:

（1）表面加热方式。主要针对铁磁性材料,集肤深度非常小,通常可以忽略。

（2）亚表面加热方式。主要针对非铁磁性导体材料,集肤深度比较小,但是无法忽略。

（3）体积加热方式。主要针对半导体材料,集肤深度非常大,通常超出试件厚度,试件在很短时间内被整体加热。

表 2.1　典型材料的集肤深度和热波透入深度

组	材料	电导率 /(10^6 S/m)	相对磁导率	热扩散系数 /(10^{-6} m²/s)	100kHz 集肤深度/mm	0.1s 时热波透入深度/mm
1	铸铁	6.2	200	14.9	0.045	2.44
	镍	14.62	100	22.9	0.042	3.03
2	银	62.87	1	173	0.201	8.32
	锌	16.24	1	41.2	0.395	4.06
	铝2014	22.53	1	73	0.335	5.40
	铜	60.09	1	112	0.205	6.71
3	铬镍铁合金	0.98	1	3.13	1.608	1.12
	不锈钢	1.33	1	7.09	1.380	1.68
	钛	0.58	1	6.59	2.090	1.62
4	碳纤维复合材料	0.001	1	3.65	50	1.21
	碳化硅陶瓷	0.00005~0.001	1	0.000022	50－225	2.97

缺陷的种类多种多样,根据所处位置的不同,缺陷可以分为表面缺陷、亚表面缺陷、内部缺陷和下表面缺陷。在不同的加热方式下,这些缺陷的评估方法是不同的。如图 2.5 所示,在表面加热方式和亚表面加热方式下,缺陷评估方法可以归纳为:

（1）表面缺陷。主要影响涡流场的分布,主要依靠涡流场的扰动来分析。

（2）亚表面缺陷。会影响涡流场和热传递过程,由于距离表面较近,对涡流场的影响比热传递的影响要大。

（3）内部缺陷。当超出集肤效应深度时,只会影响热传递过程,只能通过热传递过程进行评估。

（4）下表面缺陷。由于超出集肤效应深度,只会影响热传递过程,只能通过热传递过程进行评估。

在体积加热方式下,通常集肤深度超出了试件厚度,因此表面缺陷、亚表面缺陷、内部缺陷和下表面缺陷都会直接影响涡流场的分布,进而影响热传递。因此可使用涡流场扰动和热传递相结合的方法来评估。

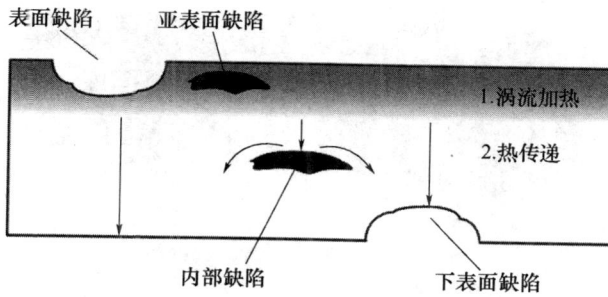

图 2.5　不同位置的缺陷

2.3　涡流热成像检测系统构成

1. 系统基本配置

如图 2.6 所示,典型的涡流热成像检测系统主要包括电磁感应加热单元、红外探测器、控制模块、计算机、软件模块及其他辅助检测设备。其中,红外探测器和电磁感应加热单元是两个最重要的组件。

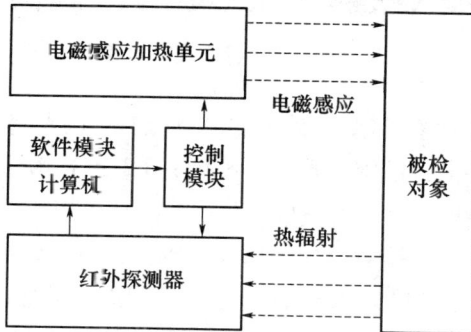

图 2.6　涡流热成像系统框图

红外探测器是涡流热成像系统中最为关键也是成本最高的部件。目前,有很多热成像仪可以选择。如图 2.7(a)所示的 FLIR 公司高端热像仪 SC7500,它采用闭合循环斯特林制冷方式。具有 320×256 的 InSb 红外探测阵列。敏感波长为 3~5μm,测量精度为 ±1℃,噪声等效温差(NETD)小于 20mK。全窗口最大采集率可达 383Hz,适当减小采集窗口范围,采集率可达到 28000Hz。如图2.7(b)所示的 FLIR 公司便携式热像仪,分辨率为 640×480,敏感波长为 7.5~13μm,热灵敏度为 0.04℃。其最大的优点是自带高分辨率 5.6 英寸(1 英寸 = 25.4mm)LCD 外部显示屏,方便携带使用。

29

(a)　　　　　　　　(b)

图 2.7　不同种类的红外热像仪

电磁感应加热单元可采用商用精密感应加热装置。图 2.8 所示为美国 Ameritherm 公司的 EASYHEAT 0224。其最大功率可达 2.4kW,最大电流为 400A,激励频率为 150 ~ 400kHz。

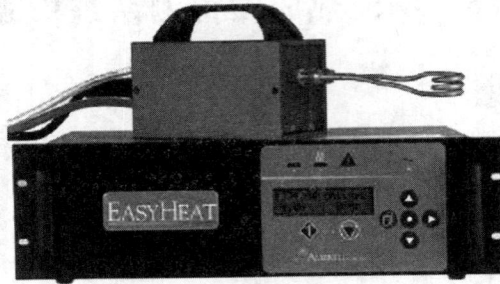

图 2.8　电磁感应加热装置

针对不同的检测对象,需要设计不同的电磁感应线圈进行加热。图 2.9(a) 所示为针对棒状构件设计的螺旋形感应线圈;图 2.9(b)所示为针对小型样品设计的亥姆霍兹感应线圈[107];图 2.9(c)所示为针对平板形试件设计的平面形感应线圈;图 2.9(d)所示为针对叶片根部设计的异形感应线圈[85]。

信号源通常用于控制红外热像仪和电磁感应加热模块同步工作。

软件是涡流热成像系统必不可少的一部分。热像仪配套软件可实现很多功能。在开发检测系统的过程中,仍然需要自主开发软件,主要实现如下功能:

(1) 控制模块,设置触发信号的基本参数,如加热时间、激励频率等。

(2) 瞬态信号分析模块,采用时域信号重构,傅里叶分析等方法对热成像记录的瞬态温度信号进行分析和重构,对缺陷进行定量检测。

(3) 图像序列处理模块,采用主成分分析、独立成分分析等先进信号处理与盲源分离技术对热成像记录的数据进行重构,提高检测灵敏度与检测能力。

(4) 缺陷自动识别模块,采用模式识别、支持向量机等机器学习方法实现缺陷的自动定位与自动分类识别。

2. 典型系统介绍

国外研究机构已开发了数款涡流热成像检测系统,以下介绍几款比较有代

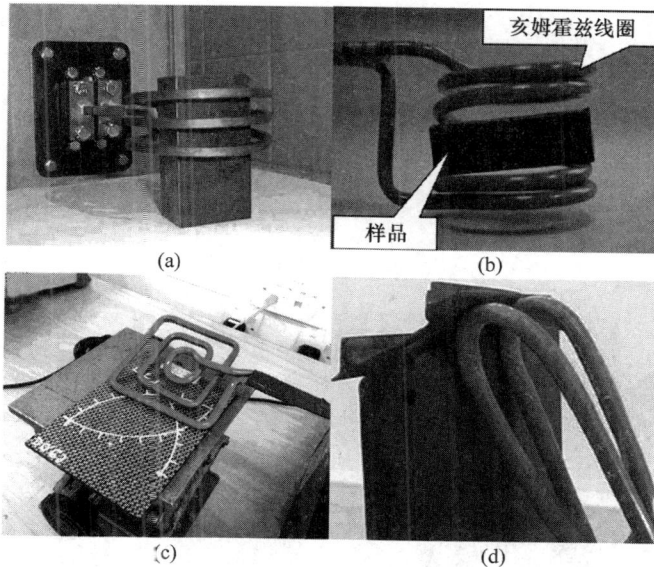

图 2.9　不同形状的感应线圈

表性的检测系统。

1）钢块生产线自动检测系统

捷克 Starmans 公司开发了一套可用于生产线的涡流热成像自动检测系统，主要用于方形钢块热轧之后的自动检测[108]。系统组成框图和照片分别如图 2.10(a)和(b)所示，主要包含高频激励源、感应加热线圈、红外热像仪、冷却装置、自动标记系统、工控机和其他辅助部分。机械框架用来固定四个红外热像仪，高频激励源和感应加热线圈用来加热钢块，四个热像仪分别记录钢块上下左右四个表面的温度变化。其检测过程有以下步骤：

（1）方形钢块自动匀速地通过线圈和热像仪，钢块移动的速度取决于红外摄像仪的检测面积和计算机系统，实际移动速度大于 0.2m/s。

（2）当钢块通过线圈加热之前，其表面被冷却装置打湿。目的是使钢块内部的磁场会均匀分布，材料表面被均匀加热。

（3）当钢块通过感应线圈时，其局部会通以高频电流的感应加热线圈加热。

（4）四个热像仪自动记录钢块被加热区域的表面温度。

（5）热像仪记录的数据自动通过 USB 传送给计算机，由软件自动判断是否有缺陷。

（6）在流水线的末端，检测到的缺陷被自动标识。

除了控制钢块的移动速度、机械框架和线圈的位置、摄像仪的参数外，软件主要用来显示成像结果和判别缺陷。它包含如下功能：检测 USB 端口，校正红外热像仪，数据存储，调整数据显示模式，选择预设的钢块形状，

31

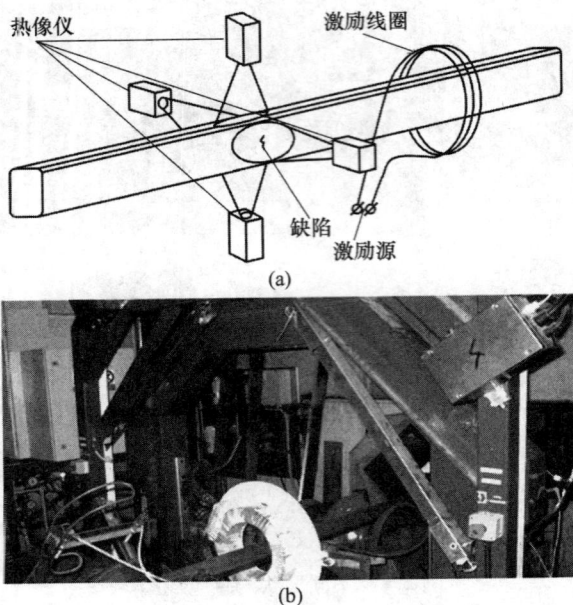

图 2.10　生产线自动检测系统的组成框图和照片

缺陷标识和建立数据库。缺陷的检测算法使用阈值判断,阈值通过测量数据的动态范围设定,如果检测中某一部分的幅值大于预设的阈值,则认定这一部分为缺陷。

2)涡流与涡流热成像的集成系统

加拿大拉瓦尔大学开发了一套涡流与涡流热成像的集成系统[72]。图 2.11(a)和(b)分别为该系统的组成框图和照片,其主要组件包括电磁激励线圈、马蹄形磁芯、ECA 传感器、红外摄像仪等。缠绕在马蹄形磁芯的电磁激励线圈用于在被检试件中激励出均一的涡流。涡流阵列传感器置于马蹄形磁芯的底部中心,用来测量感应电磁场的变化。红外摄像仪用于记录被线圈激励过后的试件表面温度。这些组件在被检试件表面一体化移动。

不同的材料具有不同的电磁属性和热属性,涡流透入深度和热波透入深度是不同的。以蜂窝结构复合材料为例,它通常为三明治结构,中间是铝合金蜂窝结构,上下两层是碳纤维薄层。检测时,产生的涡流主要集中在铝合金蜂窝结构中。当产生的热量向纤维薄层扩散时,蜂窝结构中和纤维薄层的缺陷都会对表面温度造成影响。因此热像仪既可以检测蜂窝结构中的缺陷(破坏的蜂窝),又可以检测纤维薄层中的缺陷(分层、脱离和过度黏合)。而涡流传感器只能检测蜂窝结构中的缺陷。图 2.11(c)和(d)分别显示了涡流热成像和涡流的检测结果。

32

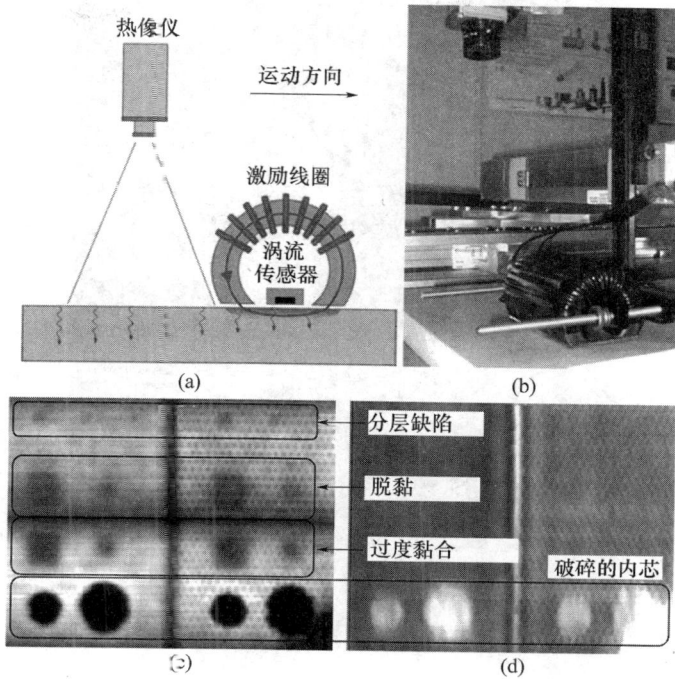

图 2.11 加拿大拉瓦尔大学开发的集成系统和检测结果

3）电动机组件的自动检测系统

德国西门子公司针对发电站电动机部件(转子槽楔)开发了一套自动检测系统,如图 2.12(a)所示。图中,操作员左手所指位置为转子槽楔的进入和退出口,身体右侧为激励线圈和热像仪。激励线圈的形状如图 2.12(b)所示。热像仪的数据传输给计算机进行显示和分析。整个系统可由操作员通过计算机控制[109]。热像仪的敏感波段为中波 3～4μm,采集频率为 400Hz。图 2.12(c)为检测结果。

4）纽卡斯尔大学开发的涡流脉冲热成像检测系统

英国纽卡斯尔大学在英国工程与自然科学研究理事会(EPSRC)的资助下,对脉冲涡流检测热成像检测技术进行了深入研究,并开发了涡流脉冲热成像检测系统,如图 2.13(a)所示。他们采用图 2.8 所示的美国 Ameritherm 公司的 EASYHEAT 0224 作为电磁感应加热模块,采用图 2.7(a)所示的 FLIR 公司高端热像仪 SC7500 记录被检对象表面的温度变化,采用个人电脑对热像仪记录的数据进行后续处理和分析。该系统已成功应用到铁轨中疲劳裂纹的检测,如图 2.13(b)所示;钢结构中腐蚀和裂纹的检测[64, 65],如图 2.13(c)所示;碳纤维复合材料中裂纹、撞击和分层缺陷的检测[66],如图 2.13(d)所示。

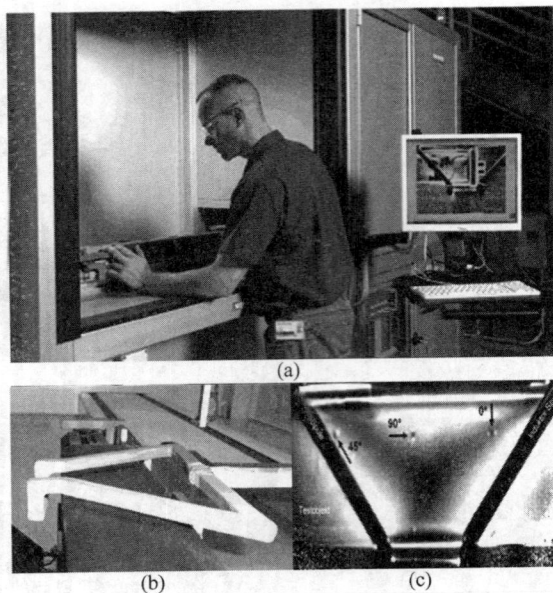

图 2.12　德国西门子公司开发的涡流热成像自动检测系统

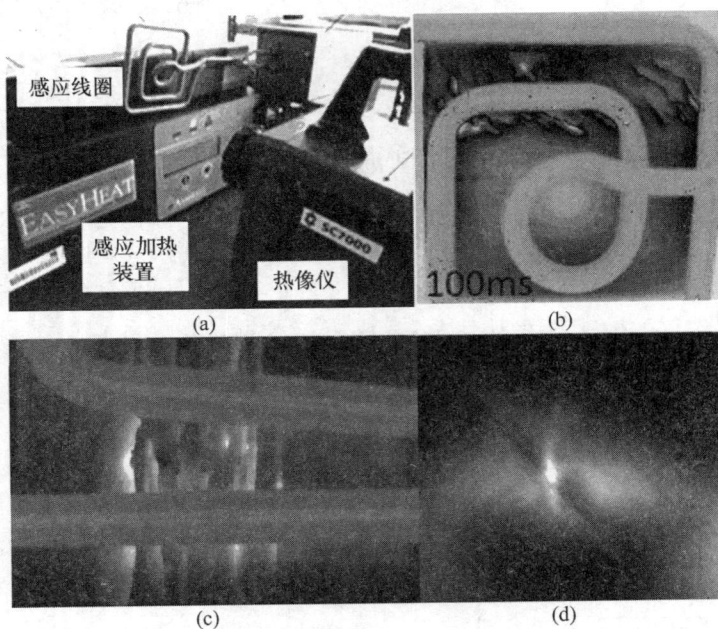

图 2.13　纽卡斯尔大学开发的涡流脉冲热成像检测系统

第3章 电磁感应加热机理及影响因素分析

3.1 感应加热机理及影响因素

1. 感应加热原理

感应加热实质是利用电磁感应在导体内产生的涡流发热来达到加热工件的目的,它是依靠感应线圈通过电磁感应把电能传递给被加热的金属,电能在金属内部转变为热能,达到加热金属的目的。以加热圆柱形工件为例,其基本原理如图 3.1 所示,电流通过感应线圈产生交变的磁场,当磁场内磁力线通过待加热金属工件时,交变的磁力线穿透金属工件形成回路,在其横截面内产生感应电流,此电流称为涡流(亦称傅科电流),可使待加热工件局部瞬时迅速发热,进而达到工业加热的目的。

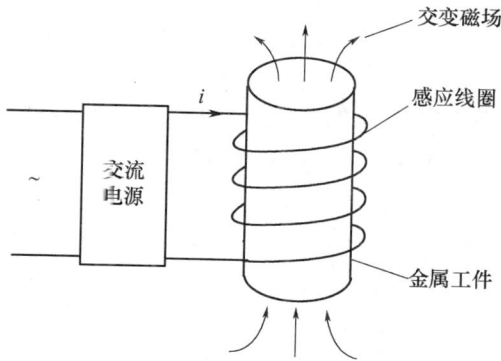

图 3.1 电磁感应加热原理示意图

感应加热基本原理可以用电磁感应定理和焦耳 – 楞次定理来描述。电磁感应定理内容:当穿过任何一闭合回路所限制的面的磁通量 ϕ 随时间发生变化时,在回路上就会产生感应电动势 e,即

$$e = \frac{\mathrm{d}\phi}{\mathrm{d}t} \tag{3.1}$$

感应电动势使工件导体中产生涡流 I,进而产生焦耳热 Q。这一过程可用焦耳 – 楞次定律表达为

$$Q = I^2Rt \tag{3.2}$$

感应加热过程是电磁感应过程和热传导过程的综合体现,电磁感应过程具有主导作用,它影响并在一定程度上决定着热传导过程。热传导过程中所需要的热能是由电磁感应过程中所产生的涡流功率提供的。应当指出,对铁磁材料而言,除涡流产生热效应外,还有磁滞热效应,但这部分热量比涡流产生的热量小得多,故在以后的讨论中将忽略此部分的热量[110]。

2. 集肤深度

众所周知,直流电流流经导体时,电流在导体截面上是均匀分布的,而当给一个圆形断面直导线通以交流电时,电流在导体截面上的分布将不再是均匀的,导体表面上各点的电流密度最大,在导体中心轴线上电流密度最小,由外表面向内层以幂指数规律逐渐递减,这种现象称为集肤效应,也称表面效应或趋肤效应。在感应加热中,电源电流是交流电,工件中的感应电流也是交流电流,因此同样具有集肤效应,在此效应作用下工件中的电流密度分布是不均匀的。图3.2所示为电流密度在不同深度的分布。可见,涡流密度随着距表面深度的增加呈负指数规律衰减。以归一化涡流密度为纵坐标、以深度为横坐标构成平面坐标图。当深度增大时,涡流密度值将从100%很快地衰减到$1/e(37\%)$,当低于$1/e$时,则变化不再明显。因此定义涡流密度等于表面涡流密度$1/e(37\%)$处的深度称为涡流标准渗透深度δ,也称集肤深度,即

$$\delta = \frac{1}{\sqrt{\pi f \mu \sigma}} \tag{3.3}$$

式中:π 为圆周率;f 为交流电流的频率(Hz);μ 为金属试件的磁导率(H/m);σ 为金属试件的电导率(S/m)。

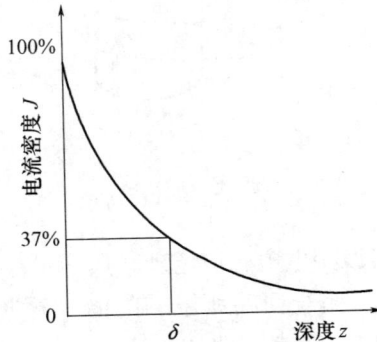

图3.2　导体试件中的归一化涡流密度分布

研究表明,由于集肤效应的存在,由焦耳热产生的热量主要存在于集肤深度范围内。因此,在对被检对象进行加热时,加热层分为两层:

(1)第一层为集肤深度层,热量直接来源于涡流热效应,该层温度升高

很快。

（2）第二层为非直接加热层，它的热量主要靠第一层间接传递所得，温度升高较慢[111]。

3. 感应加热的影响因素

由热力学基本原理可知，热量可以表示为功率和加热时间的乘积，即

$$Q = Pt \qquad (3.4)$$

由焦耳定律可知，由电流导致的加热功率可以表示为

$$P \approx I^2 R \qquad (3.5)$$

式中：I 为流经导体的电流；R 为导体的电阻。对于感应加热，被检材料中感应的功率大致可以表示为

$$P \sim I_{inductor}^2 \sqrt{\frac{\mu f}{\sigma}} \qquad (3.6)$$

式中：$I_{inductor}$ 为感应线圈中的电流（激励电流）；f 为激励电流的频率。由此可知，感应加热与激励电流的幅值、激励电流的频率、加热时间、被检材料的电导率和磁导率都有关系。

在实际检测中，为了避免线圈过热，需要对线圈进行冷却。因此，部分能量是会损耗掉的。感应加热的效率可表示为[112]

$$\eta \approx \frac{1}{1 + \frac{2h}{a} \sqrt{\frac{\sigma_P \mu_1}{\sigma_1 \mu_P}}} \qquad (3.7)$$

式中：h 为提离；a 为激励线圈的半径；σ_1 为激励线圈的电导率；μ_1 为激励线圈的磁导率；σ_P 为被检材料的电导率；μ_P 为被检材料的磁导率。由式(3.7)可看出，感应加热的效果与提离、线圈半径及激励线圈和被检材料的属性都有关系。具体而言：

（1）激励线圈的电导率越大越好，磁导率越接近 1 越好。因此一般选择铜作为线圈材料。

（2）提离 h 越小越好。但是由于临近效应，提离越小，被检材料中感应的涡流范围也越小，导致检测范围有限。

（3）线圈半径 a 越大越好，但是半径过大的线圈会阻碍热像仪的视线。

综上可知，影响感应加热过程的因素很多。表3.1列出了主要的影响因素及来源。其中，第 1 类主要取决于实验装置，是可以优化设计的；第 3 类和第 4 类是可以根据实际情况进行调节的；第 2 类是不可控的，它取决于被检对象。而被检对象在电导率和磁导率方面的巨大差异使得它们对感应加热过程的影响是很大的。

表 3.1　影响感应加热的因素及来源

序号	影响因素来源	影响因素
1	激励线圈	半径,电导率,磁导率
2	被检材料	电导率,磁导率
3	被检材料与激励线圈的距离	提离
4	激励信号	幅值,频率,加热时间

3.2　非铁磁性材料与铁磁性材料感应加热的区别

非铁磁性材料与铁磁性材料最大的区别是,铁磁性材料的相对磁导率较大,而非铁磁性材料的相对磁导率为1。因此,在其他因素相同的情况下,二者的集肤深度相差较大。这种差异导致感应加热过程中被涡流直接加热的"第一层"的厚度区别较大。

为了研究非铁磁性材料和铁磁性材料感应加热的不同,奥地利莱奥本大学的 Oswald – Tranta 教授采用数值仿真方法对两种材料的感应加热过程进行了研究[67, 69]。采用 ANSYS 建立的二维模型示意图如图 3.3 所示,该模型包含圆形激励线圈和方形试件。

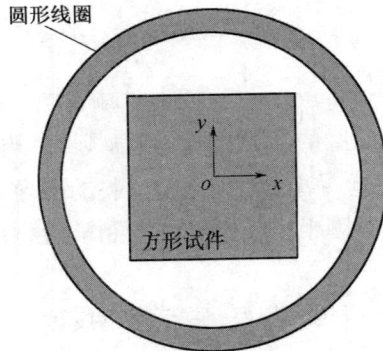

图 3.3　模型的简单示意图

选定两种材料进行对比研究。第一种材料的集肤深度设置为 1mm,以模拟非铁磁性材料;设定第二种材料的集肤深度为 0.1mm,以模拟铁磁性材料。图 3.4(a)为第一种材料(集肤深度为 1mm)的方形工件某一角落(7mm × 7mm)的涡流分布。图 3.4(b)为第二种材料(集肤深度为 0.1mm)的方形工件某一角落(2mm × 2mm)的涡流分布。比较二者可以发现:

(1) 二者的共同之处是:越远离角落,涡流的分布越平行于试件的表面。

(2) 二者的区别之处是:由于集肤深度较小,第二种材料角落的涡流明显多于第一种材料。

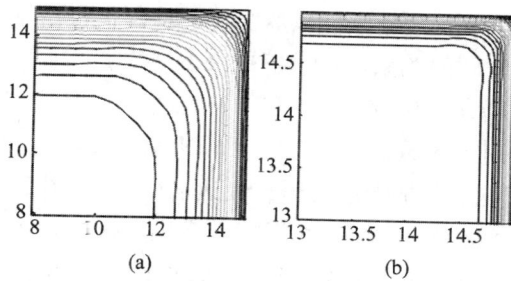

图 3.4 两种材料的方形试件某一角落的涡流分布

根据电阻效应,部分涡流将会在试件内部产生热量。由于角落的涡流密度比较小,角落产生的焦耳热小于旁边的区域。但是,随着加热时间的增加与热量的传播,角落的热量会聚集,导致角落的温度会逐渐升高。

以第一种材料为例,图 3.5(a)显示了加热 0.01s 之后的温度分布。很明显,在 0.01s 时角落的温度低于周边区域。由于金属具有比较高的热导率,产生的热量将立即流向试件其他部位(内部和角落)。在持续加热一段时间之后,角落的温度将会高于周边区域。图 3.5(b)为第一种材料加热 0.4s 之后的温度分布图。很明显,角落的温度变得高于周边区域,出现了高温效应。

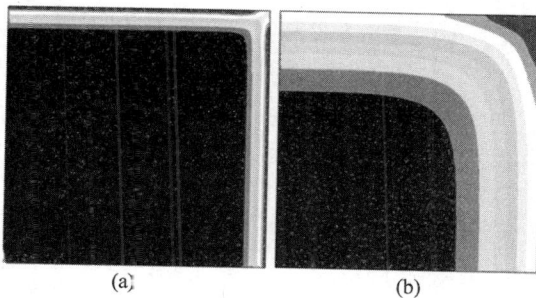

图 3.5 第一种材料(集肤深度 1mm)在不同时间的温度场分布

材料的集肤深度越小,产生的热量越聚集于表面,角落温度可以在更短的时间内比周边区域高。如图 3.6 所示,第二种材料在加热时间 0.01s 之后,角落已经出现了高温效应,温度已经比周边区域要高。

以上实例定性地说明了铁磁性材料和非铁磁性材料的感应加热过程是不同的。实际上,它们之间的区别并不是正反或大小的区别。随着集肤深度的变化,它们之间存在着渐变的过程。为了比较不同集肤深度材料的角落温度分布,引入温度升高比这个概念,即

$$k = \frac{\Delta T_c}{\Delta T_s} \tag{3.8}$$

式中:ΔT_c 为在加热范围内角落表面的温度升高值;ΔT_s 为在加热范围内远离角落区域表面的温度升高值。对不同集肤深度的材料进行仿真。图 3.7 为角落的温度升高比与加热时间的关系。可以发现以下规律:

(1) 当集肤深度大于 0.7mm 时,在一定时间范围内,温度升高比小于 1,这意味着角落温度比周边区域低,如图 3.5(a)所示。随着时间的增大,温度升高比将超过 1,这意味这角落的温度变得比周边区域高,如图 3.5(b)所示;

(2) 当集肤深度小于 0.7mm 时,温度升高比在很短时间内就超过 1,这意味着角落温度在很短时间内就比周边区域高,如图 3.6 所示;当集肤深度小至 0.1mm 时,温度升高比几乎在很短的时间内就接近于 2。

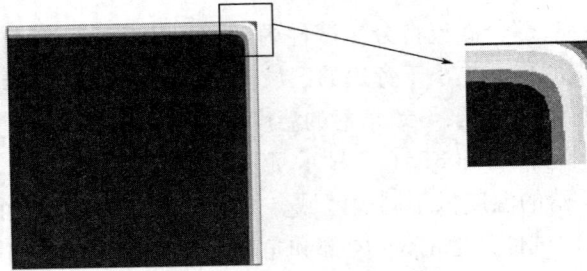

图 3.6   铁磁性材料的温度场分布

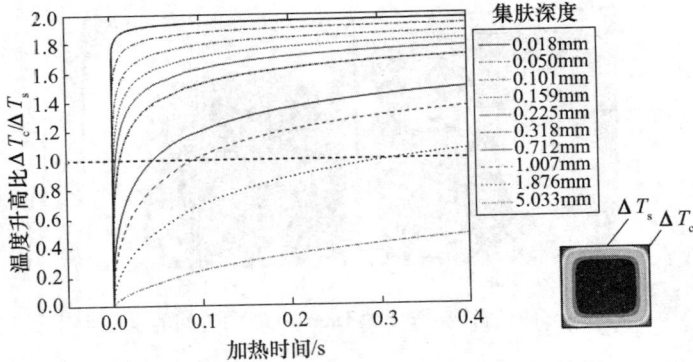

图 3.7   不同集肤深度材料角落的温度升高比与加热时间的关系

3.3   平板铁磁性构件的表面加热模型

平板形构件是最常见的一种结构形状。本节介绍平板铁磁性构件的表面加热模型。前文已经叙述,铁磁性材料中的涡流集肤深度非常小,第一层加热层的厚度也十分小,这在高频激励时更加明显。例如,采用 200kHz 的激励信号加热相对磁导率为 600 的铁磁性材料,集肤深度大约为 0.03mm。而加热相对磁导率为 1 的非铁磁性材料,集肤深度大约为 0.8mm。

涡流感应的局部热量会很快向试件的其他区域传播。热量传播的深度为

$$d_{\mathrm{th}} = 2\sqrt{\alpha t} \tag{3.9}$$

式中:α 为热扩散系数;t 为传播时间。对于钢材料,热量在 0.1s 内大约传播 2mm。一般而言,这个热波透入深度要远远大于涡流的集肤深度。因此,在铁磁性构件的一维建模过程中,可以近似地忽略涡流效应,而把试件看做是直接在表面加热。

在 $t = 0$ 时刻开始的表面加热,准无限大物体的表面温度分布可以表示为[113]

$$T(y,t) = \frac{2Q}{k}\sqrt{\frac{\alpha t}{\pi}}\exp\left(\frac{-y^2}{4\alpha t}\right) - y\frac{Q}{k}\left(1 - \mathrm{erf}\left(\frac{y}{2\sqrt{\alpha t}}\right)\right) \tag{3.10}$$

当存在表面裂纹时,涡流将会绕过表面裂纹,并存于裂纹的边缘。这意味着缺陷的垂直边缘也被施加了表面热量。因此,本节介绍的模型不仅忽略了集肤深度,而且认为缺陷的垂直边缘也被施加了表面热量,如图 3.8 所示。在连续表面加热情况下,远离裂纹边缘 x 距离的温度变化可以描述为

$$T_{\mathrm{crack}}(x,t) = \frac{2Q}{k}\sqrt{\frac{\alpha t}{\pi}}\exp\left(\frac{-x^2}{4\alpha t}\right)\mathrm{erf}\left(\frac{d}{2\sqrt{\alpha t}}\right) \tag{3.11}$$

式中:d 为缺陷的深度。缺陷边缘的温度变化可以对式(3.11)进行积分而得到,即

$$T_{\mathrm{crack}}(t) = \frac{Q}{2k\pi}\left(d \times Ei\left(\frac{d^2}{4\alpha t}\right) + 2\sqrt{\pi\alpha t} \times \mathrm{erf}\left(\frac{d}{2\sqrt{\alpha t}}\right)\right) \tag{3.12}$$

使用式(3.11)计算不同距离 x 处的温度值,就可以得到跨越缺陷区域的温度轮廓曲线。图 3.9 为不同深度(0.1~1mm)的裂纹在 0.1s 时的温度轮廓曲

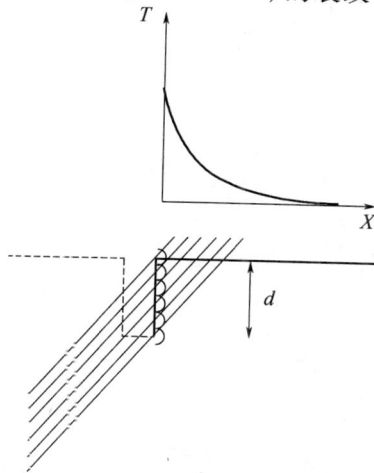

图 3.8　缺陷模型

41

线。其中,点线、实线、虚线和点虚线分别代表 1mm、0.5mm、0.2mm 和 0.1mm 缺陷的温度分布。可以发现:

(1) 在裂纹区域出现了温度最大值。

(2) 随着裂纹深度增加,温度最大值逐渐增大。

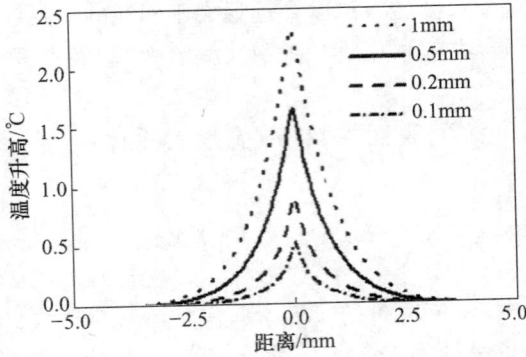

图 3.9　加热 0.1s 后不同深度缺陷的温度轮廓曲线

这个结果提供了一个缺陷深度定量的方法。图 3.10 为不同加热时间 (0.5s,0.1s,0.02s) 下温度最大值与缺陷深度的关系。可以发现:

(1) 当加热时间固定时,随着裂纹深度增加,温度最大值单调增大。

(2) 当缺陷深度固定时,随着加热时间的增加,温度最大值逐渐增大。

因此,温度最大值与缺陷的深度和加热时间都存在单调关系。在加热深度已确定的情况下,可以利用温度最大值对缺陷深度进行定量评估。

同时,图 3.9 中的结果也反映出涡流热成像检测技术的一个优势。尽管缺陷的宽度无限小,深度也只有 0.1～1mm,它在温度轮廓曲线上所引起温度变化

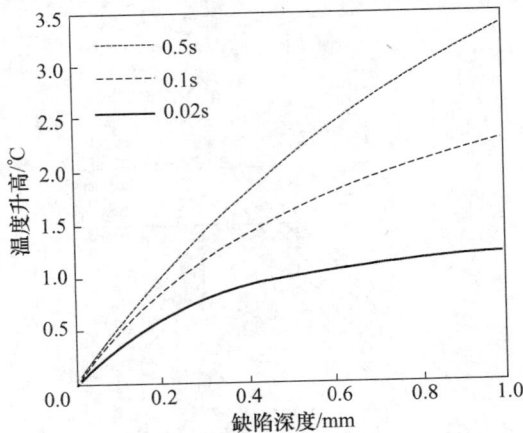

图 3.10　不同加热时间下缺陷温度最大值与深度的关系

42

的空间范围是毫米量级的。这就意味着对红外热像仪的空间分辨率要求可以降低。

为了说明不同加热时间对检测效果的影响,引入裂纹的温度差异比 TC,它可以表示为

$$TC = \frac{T_{\text{crack}} - T_{\text{surface}}}{T_{\text{surface}}} \qquad (3.13)$$

式中:T_{crack} 为裂纹区域的温度;T_{surface} 为远离缺陷区域表面的温度。图 3.11 为不同深度缺陷在不同加热时间下的温度差异比。从图 3.11 中可以看出:

(1) 在 $0 \sim 0.1\text{s}$ 内,温度升高比具有最大值。

(2) 加热时间越小,温度差异比的变化率越大(曲线越陡峭)。

因此,在实际检测中,铁磁性材料的加热时间最好控制在 0.1s 之内。

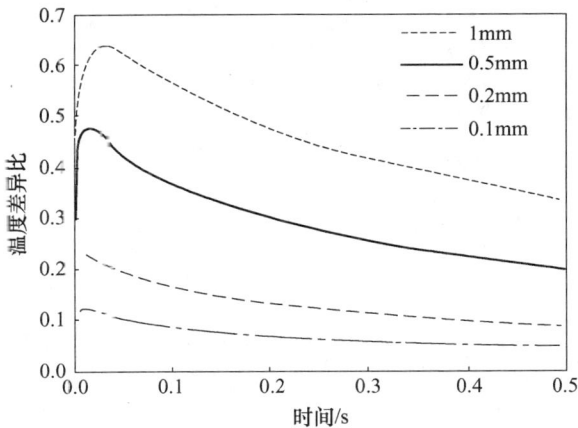

图 3.11　不同深度缺陷在不同加热时间下的温度差异比

3.4　圆柱形铁磁性构件的表面加热模型

3.3 节介绍了平板铁磁性构件的表面加热模型。本节介绍圆柱形(棒状、管状)铁磁性构件的表面加热模型[70]。

简化的二维模型如图 3.12 所示。当在 $t = 0$ 时刻给构件表面施加热量 Q 后,圆柱形试件内部的温度为

$$T(r,t) = \frac{QR}{k}\left(\frac{2\alpha t}{R^2} + \frac{r^2}{2R^2} - \frac{1}{4} - 2\sum_{s=1}^{\infty} \frac{\exp\left(-\frac{\alpha t \alpha_s^2}{R^2}\right)J_0\left(\frac{r\alpha_s}{R}\right)}{\alpha_s^2 J_0(\alpha_s)} \right) \qquad (3.14)$$

式中:R 为试件半径;k 为热导率;J_0 为第一类贝塞尔函数;α_s 为贝塞尔函数的正根。当加热时间较长时,试件表面$(r=R)$的温度变化可以简化为

$$T(t) = \frac{Q}{k}\left(\frac{2\alpha}{R}t + \frac{R}{4}\right) \tag{3.15}$$

式(3.15)是线性函数,计算更加简单。当热量传递到试件的中心后,整个试件的温度呈线性增加。这个时间可以大约估计为

$$t = \frac{R^2}{4\alpha} \tag{3.16}$$

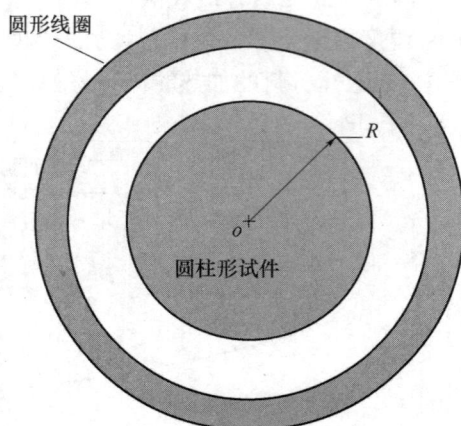

图 3.12　简化的圆柱形铁磁性构件表面加热二维模型

当加热时间大于 $R^2/(4\alpha)$ 时,式(3.14)与式(3.15)会得出非常接近的结果。图 3.13 为采用不同模型计算得出的试件表面温度变化曲线。图 3.13 中,实线表示式(3.14)计算的结果,点线表示式(3.15)计算得出的结果。可以发现,实线和点线在 0.4s 之后完全重合。

当加热时间较短时,式(3.14)可以近似用准无限大模型代替,其温度变化可以表示为

$$T(y,t) = \frac{2Q}{k}\sqrt{\frac{\alpha t}{\pi}}\exp\left(\frac{-y^2}{4\alpha t}\right) - y\frac{Q}{k}\left(1 - \mathrm{erf}\left(\frac{y}{2\sqrt{\alpha t}}\right)\right) \tag{3.17}$$

这种近似在热量并未达到试件中心时是有效的。在 $t < R^2/(16\alpha)$ 时,式(3.17)与式(3.14)是等效的。图 3.13 中的虚线为使用式(3.17)计算得出的结果。可以看出,实线和虚线在 0.1s 之内是重合的。因此,当加热时间在 0.1s 之内时,可以近似的使用式(3.17)来计算圆柱形构件表面的温度变化。

式(3.17)与 3.3 节中的式(3.10)是一样的。因此,可以使用 3.3 节的结论

对 0.1s 内缺陷的温度分布进行计算。

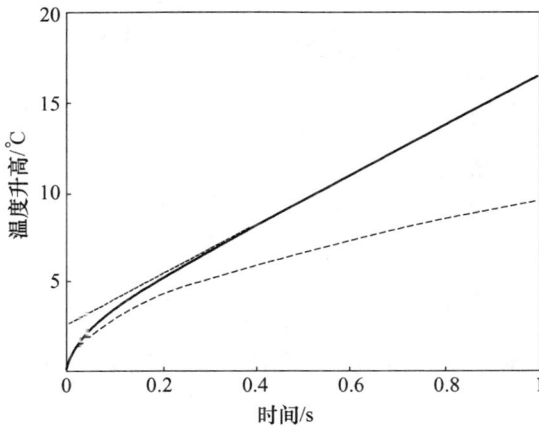

图 3.13　圆柱形试件表面的温度变化

　　上述解析模型能够很好地描述结构比较简单的被检对象表面温度分布。但是对于一些复杂情况,如表面缺陷呈不规则形状,用解析模型很难准确描述。这时候,数值模型是更好的选择。有限元仿真软件 ANSYS 可以用来建立数值模型,分析这些复杂情况下的表面加热过程。图 3.14 所示为采用 ANSYS 建立的包含裂纹的三维有限元数值模型和表面温度分布。

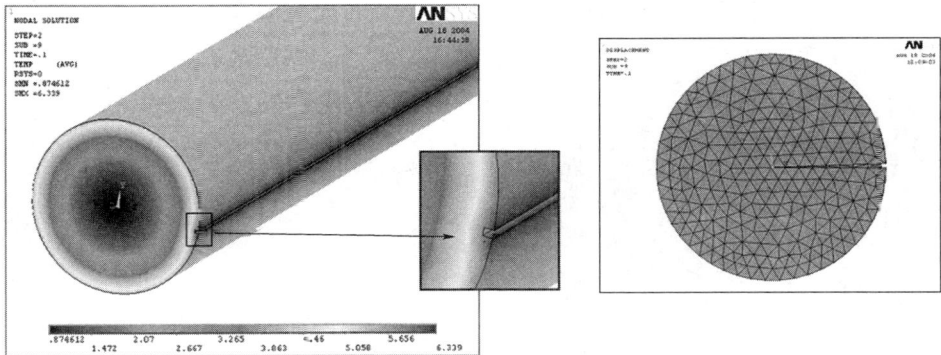

图 3.14　三维有限元模型

　　将直径 9mm 的圆柱形试件用做研究对象。在解析模型和数值模型中,裂纹深度均设定为 0.07mm。图 3.15 显示了解析模型、数值模型和实验得出的温度分布。实线为实验结果,虚线为解析模型结果,点线为数值模型结果。可以发现,三种方法得出的结果是比较一致的。

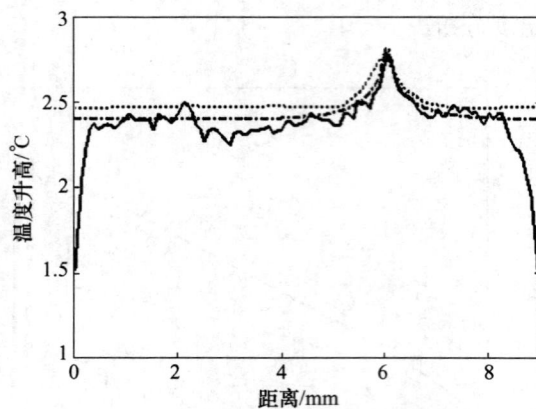

图 3.15　解析模型、数值模型和实验结果的比较

第4章 基于涡流场扰动的
表面缺陷评估方法

涡流热成像技术融合了涡流检测技术与热成像检测技术的优点。相应的缺陷评估方法也主要依靠涡流场和热传递等物理过程。表面缺陷首先影响涡流场的分布，进而影响表面温度场的分布。因此，从涡流检测的角度出发，可以认为该技术是通过采用热像仪记录被检对象表面温度，进而对涡流场进行分析的。本章从涡流场扰动的角度来重点分析表面缺陷的评估机理及影响因素。

4.1 表面缺陷对涡流场/温度场的扰动

图4.1(a)为导体材料中的某一表面矩形缺陷，其长×宽×深表示为 $l \times w \times d$。图4.1(b)为对导体材料施加均匀涡流场后，缺陷部位涡流场及温度场的分布。把缺陷某些区域出现的高温现象称为高温效应。缺陷对涡流场及温度场的扰动可以从横向与纵向来分析。

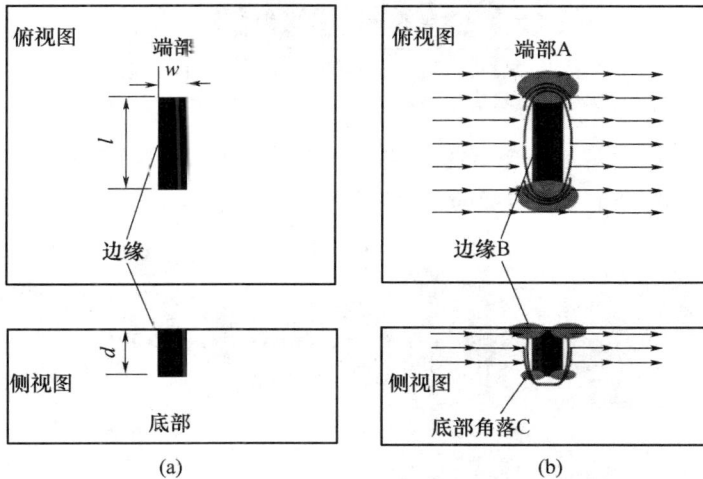

图4.1 典型矩形缺陷对涡流场/温度场的扰动

(a) 缺陷示意图；(b) 缺陷对涡流场的扰动。

（1）横向分析。如图4.1（b）中的俯视图所示，涡流会在缺陷的边缘受到阻碍，部分涡流会绕过缺陷的端部（如A处），从而导致端部汇集较多的涡流。因此端部会产生较多的焦耳热，在热像图上显示为高温区域。

（2）纵向分析。如图4.1（b）中的侧视图所示，部分涡流会从缺陷的底部绕过。这种情况下，底部会汇集较多的涡流，进而展现较高的温度，特别是底部的角落部位（如C处）。随着热量的扩散，边缘部位角落也会在一定时间之后产生高温效应（如第3章所述）。这种情况下，边缘也会显示较高的温度（如B处）。

缺陷对涡流场扰动的详细分析可参考其他文献资料[114-116]。

缺陷导致的高温效应可用于识别缺陷。图4.2所示为铁磁性材料中某表面矩形缺陷（$l \times w \times d = 20\text{mm} \times 1\text{mm} \times 3\text{mm}$）在加热50ms时的热像图。可以发现：

（1）部分涡流向两侧的端部汇集，导致端部变热，显示较高的温度。

（2）涡流在缺陷边缘受到阻碍，随着热量的扩散，缺陷边缘温度升高。

也就是说，在缺陷的端部和边缘处都出现了高温效应。

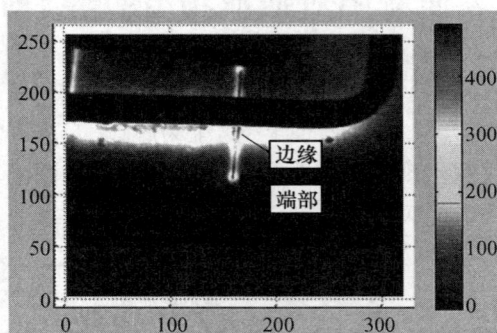

图4.2 铁磁性材料中某表面矩形缺陷在加热50ms之后的热像图

为观察底部角落是否会出现高温效应，选择长度无限（与被检材料相同，涡流无法从端部绕过）、宽度为2mm、深度为0.5mm的缺陷进行实验。图4.3为加

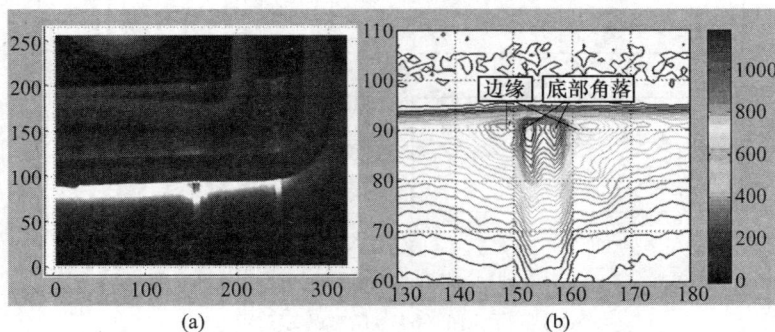

(a)　　　　　　　　　(b)

图4.3 加热50ms时的热像图和局部放大之后的等温线图

48

热 50ms 时的热像图和局部放大之后的等温线图。从图 4.3(b)可知,缺陷区域出现了四个高温区域,分别是两处缺陷边缘和两处底部角落。而且,底部角落的高温更为明显,这是因为该缺陷的长度超出涡流范围,大部分涡流被挤压至底部,因而缺陷底部会汇集更多的涡流。

4.2 缺陷形状尺寸对涡流场/温度场扰动的影响分析

实际情况中,缺陷的形状是多种多样的。图 4.4 分别显示了真实缺陷的三种截面图(矩形、三角形和倾斜形缺陷)。缺陷的形状和尺寸会对涡流场/温度场的分布产生影响。本节将采用数值模型对不同形状和尺寸的缺陷涡流场/温度场分布进行研究。

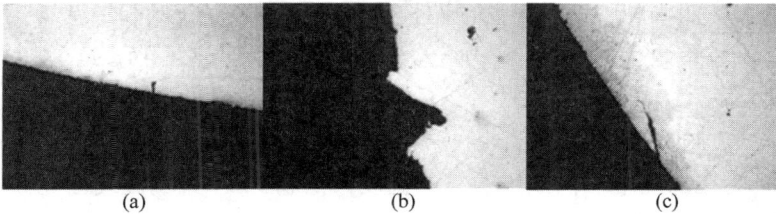

图 4.4   不同形状缺陷的截面图

1. 表面矩形缺陷

采用 ANSYS 建立二维有限元模型,并设置 1mm 深的表面矩形缺陷。图 4.5 分别显示了铁磁性材料和非铁磁性材料中同样尺寸矩形缺陷的涡流分布。在图 4.5(a)所示的铁磁性材料中,由于集肤深度较小,涡流与缺陷的轮廓非常接近。因此试件表面的焦耳热将会基本相同。在图 4.5(b)所示的非铁磁性材料中,由于集肤深度较大,涡流被从缺陷的边缘部位挤压到材料内部,造成缺陷边缘部位的电流密度比较低。同时,涡流在缺陷的底部尖端聚集,将会导致更大的电流密度以及更多的焦耳热[71]。

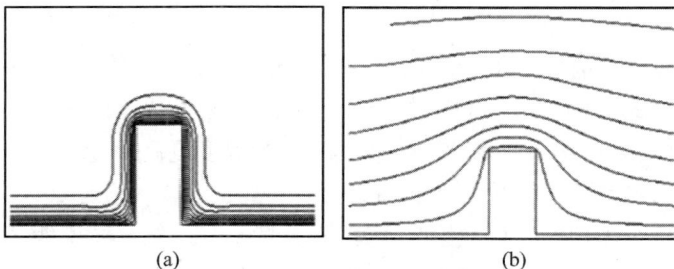

图 4.5   铁磁性材料和非铁磁性材料中相同尺寸缺陷的涡流分布

图4.6 显示了0.01s加热时间后,图4.5中两个缺陷的温度分布图。在图4.6(a)所示的铁磁性材料的温度分布中,缺陷底部角落和边缘都出现了高温效应,而在图4.6(b)所示的非铁磁性材料的温度分布中,只有缺陷底部出现了高温效应。

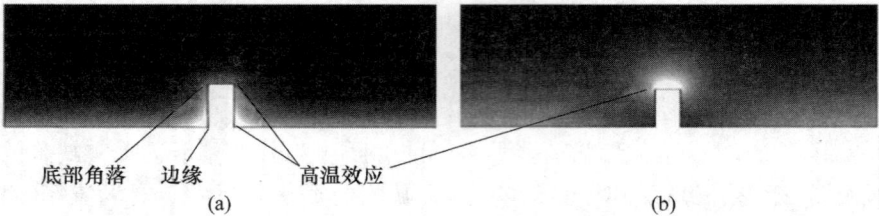

底部角落　边缘　　　高温效应
(a)　　　　　　　　　　　　　　(b)

图4.6　铁磁性材料和非铁磁性材料中相同尺寸缺陷的温度分布

图4.6中两幅图的差异体现了两种材料磁导率对涡流场和温度场扰动的差异。为了比较这个差异,定义了缺陷的温度升高比,它可以表示为

$$k = \frac{\Delta T_c}{\Delta T_s} \tag{4.1}$$

式中:ΔT_c为在加热范围内缺陷边缘的温度升高值;ΔT_s为试件表面无缺陷区域的温度升高值。缺陷边缘和无缺陷区域的位置分别如图4.7所示。缺陷的温度升高比k大于1,代表缺陷边缘的温度比试件表面无缺陷区域高,如图4.6(a)所示;缺陷的温度升高比k小于1,代表缺陷边缘的温度比试件无缺陷区域低,如图4.6(b)所示。当然,随着加热时间的变化和热扩散过程的持续,缺陷的温度升高比也会发生变化。

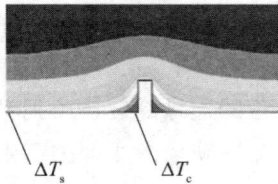

ΔT_s　　ΔT_c

图4.7　温度升高比定义中两个温度信号的位置

图4.8为经数值仿真得到的铁磁性材料和非铁磁性材料中不同深度矩形缺陷的温度升高比。图4.8(a)中,缺陷深度越大,温度升高比越大。图4.8(b)中,当加热时间为0.01s时,随着缺陷深度越大,温度升高比越小。但是,当加热时间增大至0.4s时,温度升高比的趋势会有所变化。图4.8中,0.01s的温度升高比明显比0.4s的温度升高比变化快(更陡峭)。这个差异说明了,在加热过程刚开始时会取得更好的缺陷识别效果。

图4.9为仿真得到的铁磁性材料和非铁磁性材料中不同宽度矩形缺陷的温

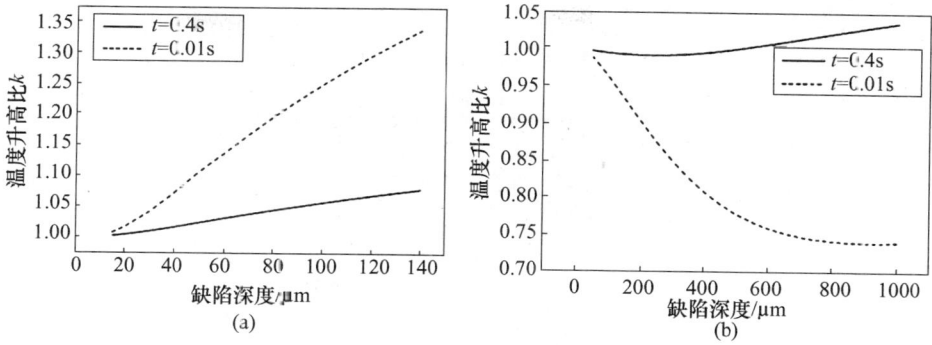

图4.8 不同材料中矩形缺陷深度对温度升高比的影响

度升高比。在两个加热时间下,缺陷宽度都对温度升高比没有影响。矩形缺陷角落的电流密度和焦耳热最大,如图4.10所示。这个现象是独立于缺陷宽度的。

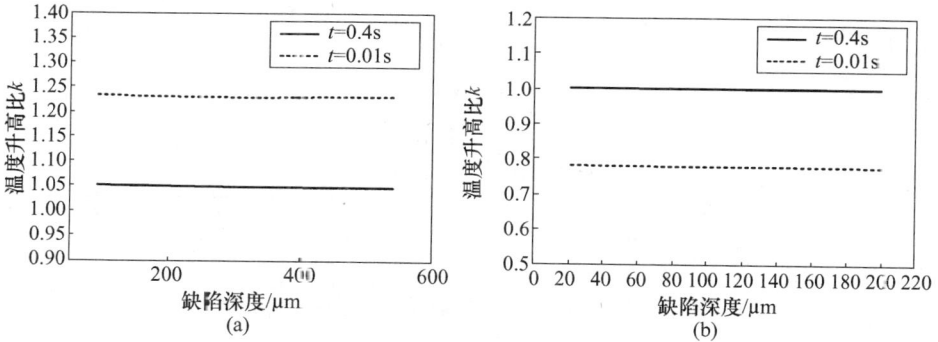

图4.9 不同材料中矩形缺陷宽度对温度升高比的影响

图4.10 矩形缺陷底部角落的温度分布

2. 表面三角形缺陷

采用 ANSYS 建立二维有限元模型,设置不同尺寸深的表面三角形缺陷,对其导致的温度分布进行分析。图4.11 为三角形表面缺陷的示意图[71]。

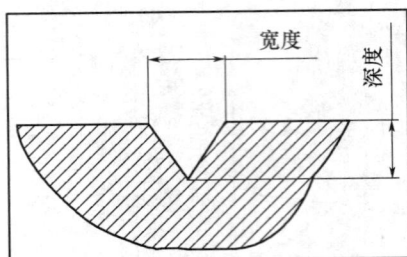

图 4.11　三角形缺陷的模型示意图

图 4.12 分别为经仿真得到的铁磁性材料和非铁磁性材料中不同深度三角形缺陷的温度升高比。结果趋势与矩形缺陷的结果比较一致。但是,相比矩形缺陷,三角形缺陷的温度升高比要小。

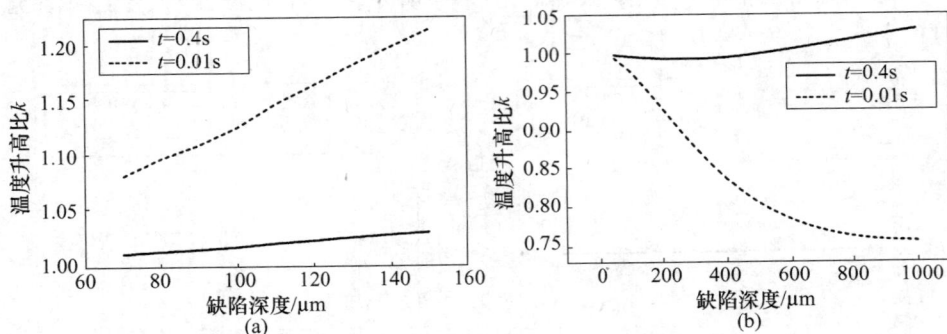

图 4.12　不同材料中三角形缺陷深度对温度升高比的影响

图 4.13 分别为经仿真得到的铁磁性材料和非铁磁性材料中不同宽度三角形缺陷的温度升高比。基于图中所示的结果,可以得出结论,缺陷宽度对于温度升高比基本没有影响。三角形缺陷角落的电流密度和焦耳热最大,如图 4.14 所示。这个现象是独立于缺陷的宽度的。

3. 表面倾斜形缺陷

在实际情况中,一些缺陷将呈倾斜形状。为了研究倾斜形缺陷对涡流场和温度场的影响,本节设定两类倾斜性缺陷。第一类缺陷深度固定,如图 4.15(a)所示,在仿真中只改变缺陷的倾斜角度 θ;第二类缺陷长度固定,如图 4.15(b)所示,在仿真中也只改变缺陷的倾斜角度 θ。

首先考虑铁磁性材料,由于集肤深度非常小,涡流可以达到缺陷与表面的夹角部位,导致热量的聚集。因此,夹角部位会显示"高温效应",如图 4.16(a)所示。由于倾斜一侧的"高温效应",整个缺陷的温度轮廓将显示出不对称性,如图 4.16(b)所示。而且,随着倾斜角度的增大,温度最大值出现单调增大。

52

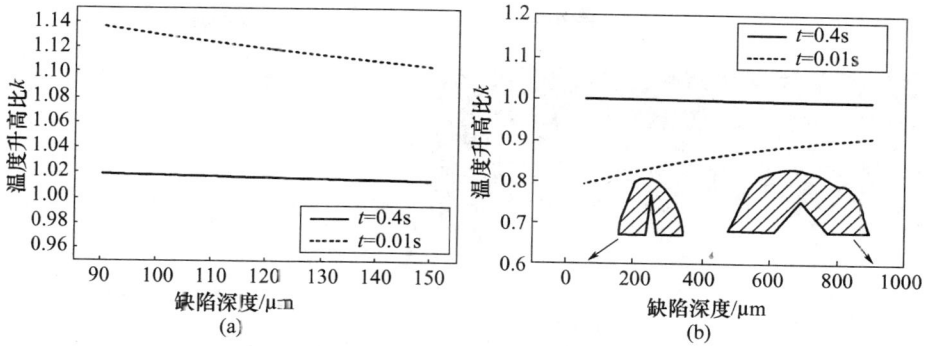

图 4.13　不同材料中三角形缺陷宽度对温度升高比的影响

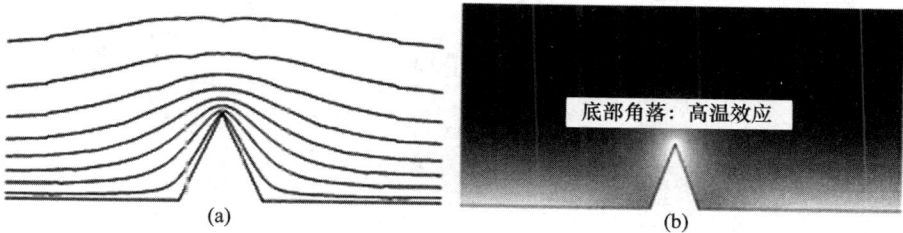

图 4.14　非铁磁性材料中三角形缺陷的涡流场和温度分布

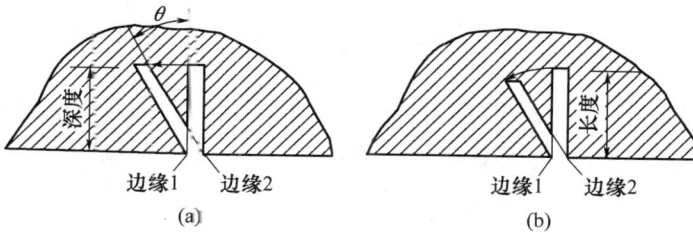

图 4.15　两种倾斜性缺陷示意图

保持缺陷深度不变,改变缺陷的倾斜角度 θ,得到温度升高比与倾斜角度的关系。铁磁性材料和非铁磁性材料中缺陷的温度升高比与倾斜角度的关系分别如图 4.17(a) 和 (b) 所示。可以发现:

(1) 对于铁磁性材料,边缘 1 的温度升高比随倾斜角度的增大单调增大,而边缘 2 的温度升高比单调减小。

(2) 对于非铁磁性材料,边缘 1 的温度升高比随倾斜角度的增大单调减小,而边缘 2 的温度升高比单调增大。也就是说,非铁磁性材料中倾斜缺陷的夹角部位出现低温效应。

(3) 无论是铁磁性材料还是非铁磁性材料,边缘 1 的温度升高比总是比边缘 2 变化更加快,这说明夹角部位是最容易判断缺陷的部位。

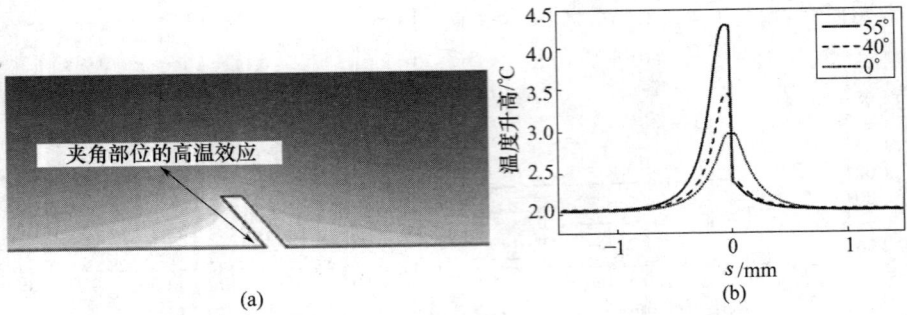

(a)

(b)

图 4.16 倾斜缺陷的高温效应和温度轮廓的不对称性

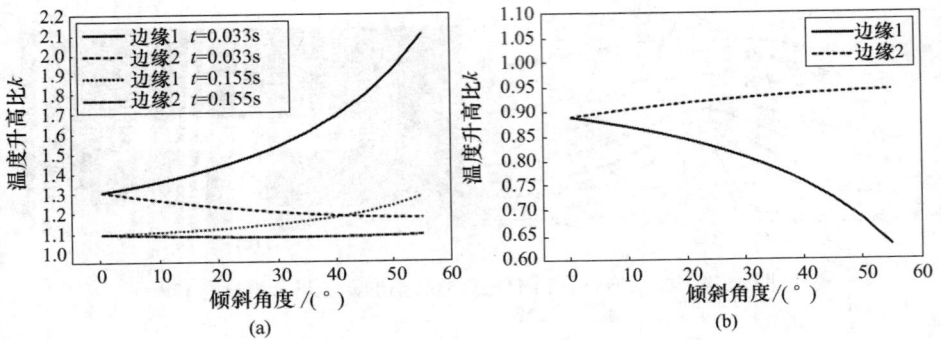

(a)

(b)

图 4.17 缺陷深度不变时温度升高比与倾斜角度的关系

保持缺陷长度不变,改变缺陷的倾斜角度 θ,得到温度升高比与倾斜角度的关系。铁磁性材料和非铁磁性材料中缺陷的温度升高比与倾斜角度的关系分别如图 4.18(a)和(b)所示。其结果与图 4.17 的结果基本相同,可得到类似的结论。

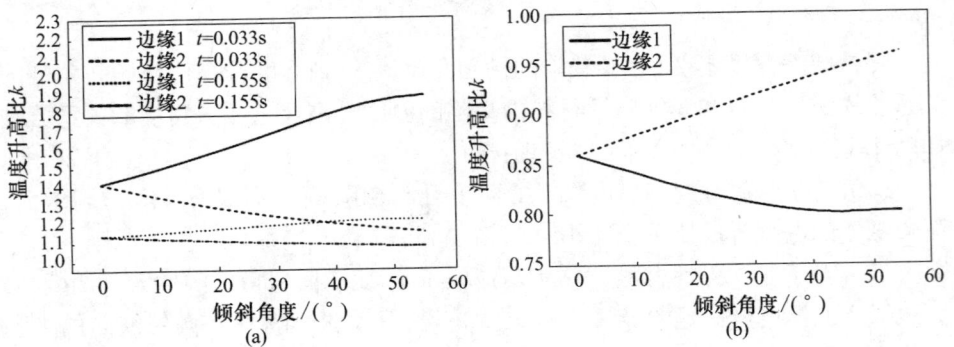

(a)

(b)

图 4.18 缺陷长度不变时温度升高比与倾斜角度的关系

4.3 缺陷走向对涡流场扰动的影响分析

4.2 节从截面视角出发,分析了缺陷形状和尺寸对涡流场扰动的影响。在实际情况中,缺陷的走向可能是任意的,对涡流场的影响也会有所差异[117, 118]。本节主要通过实验手段分析缺陷走向对涡流场/温度场扰动的影响。

如图 4.19(a)所示,两个圆柱形激励线圈(C8 和 C15)被用作激励线圈,其外径分别为 85mm 和 148mm。图 4.19(b)为线圈的侧视图,具体尺寸见表 4.1[86]。

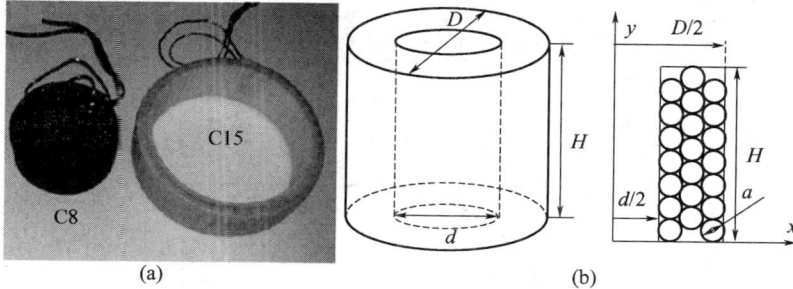

图 4.19　圆柱形激励线圈设计

表 4.1　圆柱形激励线圈的参数

参数	C8	C15	参数	C8	C15
内径 d/mm	11	129	匝数 N	408	114
外径 D/mm	85	148	电阻 R/Ω)	0.6	0.46
高度 H/mm	41	45	电感 L/mH	2.832	1.822
线径 a/mm	1.828	1.828			

在实验中,给两个线圈分别通以正弦交流电:

$$I(t) = I_0 \sin(2\pi ft) = I_{rms}\sqrt{2}\sin(2\pi ft) \qquad (4.2)$$

激励电流的频率 f 为 50Hz,相应的集肤深度大约为 12mm,远大于铝板厚度 1mm。C8 线圈中的电流幅度是 61.5A,C15 线圈中的电流幅度是 85.66A,加热时间都是 2s。采用 Flir thermaCam PM695 记录试件的表面温度。

如图 4.20 所示,制备了尺寸为 150mm×150mm×1mm 的铝板数块,在每个试块上加工一个通槽以模拟穿透型缺陷。图 4.20 中的圆圈代表 C8 和 C15 在实验中放置的位置。所有的缺陷长×宽×深尺寸均为 15mm×0.2mm×1mm。但是,每个试块上的通槽位置和方向皆有不同,其编号和说明如表 4.2 所列。表中,水平方向表示平行于 x 轴方向,垂直方向表示平行于 y 轴方向。使用灰泥把缺陷填满,然后在铝板表面覆盖一层黑色的油漆。油漆的发射率大约为 0.95。

表 4.2　缺陷的编号及说明

编号	位　　置	方　向
1	试件中心	水平方向
2H	中心左侧,离试件中心约 40mm	水平方向
2V	中心左侧,离试件中心约 40mm	垂直方向
3H	中心左侧,离试件中心约 70mm	水平方向
3V	中心左侧,离试件中心约 70mm	垂直方向
4	中心左下角,离试件中心约 56mm	水平方向
5H	中心左下角,离试件中心约 80mm	水平方向
5D	中心左下角,离试件中心约 80mm	与 x 轴呈 45°角
5H	中心左下角,离试件中心约 80mm	水平方向
5D	中心左下角,离试件中心约 80mm	与 x 轴呈 45°角

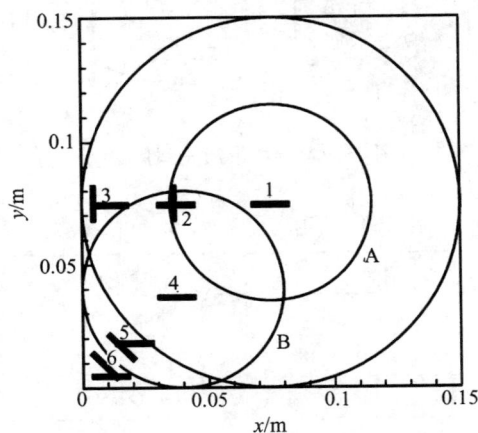

图 4.20　带有不同走向缺陷的试件示意图

　　分别把 C8 和 C15 线圈置于无缺陷的铝板中心。数值计算的温度分布结果分别如图 4.21(a)和(c)所示,实验得到的温度分布结果分别如图 4.21(b)和(d)所示。可见 C8 线圈周围的温度变化呈环形分布;由于 C15 线圈的外径与试件基本相同,在试件的边缘部位产生了更多的热量。而在试件中心区域产生的温度也基本呈圆形分布。

　　把线圈 C8 置于带有缺陷铝板的 A 位置。此时,缺陷 1、2H、2V 和 4 在检测范围之内。其中缺陷 2H 垂直于涡流方向,缺陷 4 倾斜于涡流,缺陷 2V 平行于涡流。图 4.22 显示了带有 2H 缺陷试件在 0.5s 时的原始热像图。可见,在 2H 缺陷的端部出现了高温效应,这个特征有助于识别缺陷。原因是缺陷两端有较大的涡流密度,最终导致温度升高。这个效应与 4.1 节的分析是一致的。

56

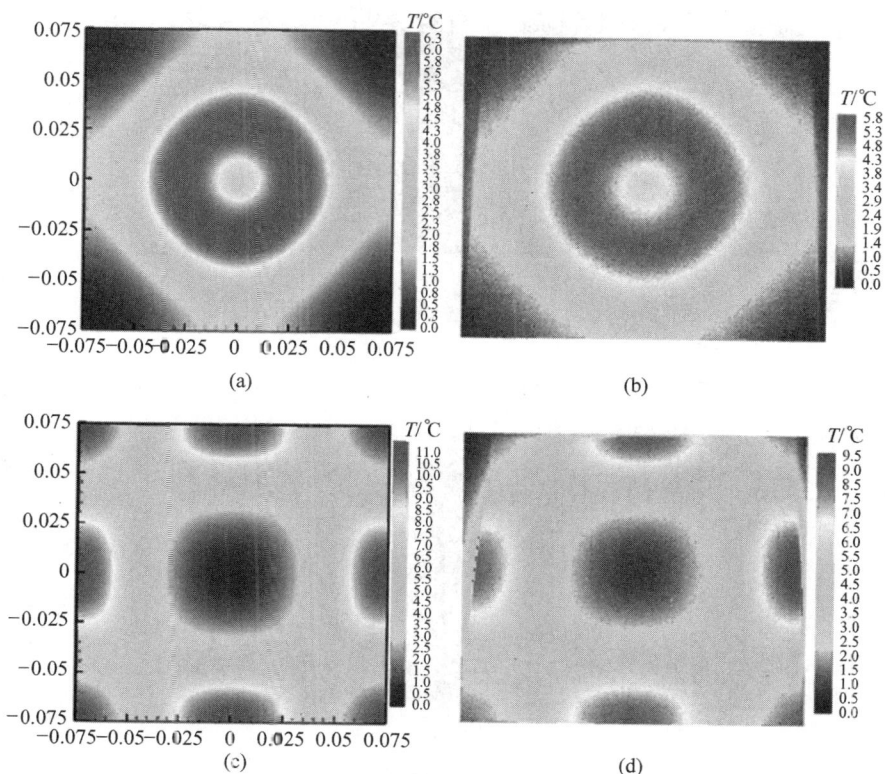

图 4.21　两个线圈在无缺陷试件上感应的温度场

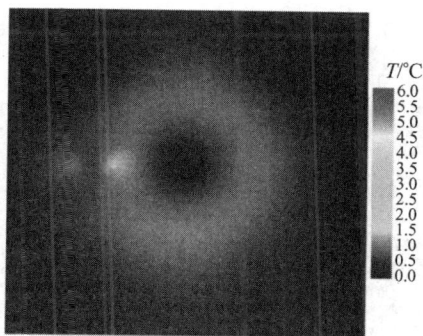

图 4.22　缺陷 2H 在 0.5s 时的原始热像图

　　图 4.23(a)显示了带有 2V 缺陷试件在 2s 时的原始热像图。由于缺陷的方向和涡流的方向平行,高温效应不明显,很难识别 2V 缺陷。图 4.23(b)为使用一阶空间导数法处理之后得到的新热像图。可见,经过数据处理过后,2V 缺陷可以被清晰地发现。

　　图 4.24(a)为带有缺陷 4 的试件在 0.5s 时的原始热像图。由于缺陷的方

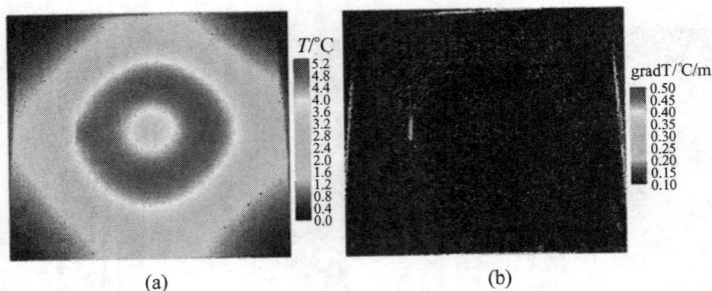

图 4.23　缺陷 2V 的原始检测结果和经空间导数法处理的结果

向倾斜于涡流,高温效应也不明显,缺陷 4 也很难被发现。图 4.24(b)为经过空间导数法处理之后的结果,缺陷可以被识别出来。

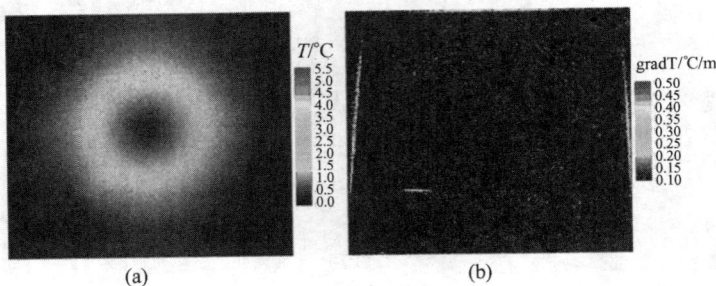

图 4.24　缺陷 4 的检测结果

把线圈 C8 置于 B 位置。此时,缺陷 2H 平行于涡流,缺陷 2V 垂直于涡流。图 4.25 显示了 2H 与 2V 在 0.5s 时的原始热像图。很明显,缺陷 2V 的高温效应更加明显,缺陷的识别结果要优于 2H。

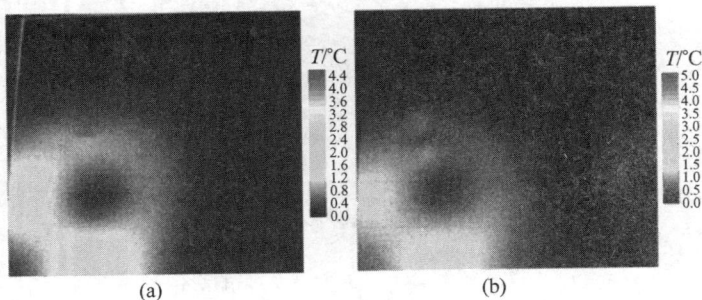

图 4.25　缺陷 2H 和 2V 在 0.5s 时的原始热像图

把线圈 C15 置于缺陷铝板的 A 位置。图 4.26 显示了带有 3H 缺陷试件在 0.15s 时的原始热像图。可见,在 3H 缺陷的端部出现了很明显的高温效应,这个特征有助于识别缺陷 3H。

图 4.26　缺陷 3H 在 0.15s 时的热像图

本节的实验结果及分析说明：

（1）缺陷的检测灵敏度与缺陷和涡流的走向密切相关。垂直于涡流走向裂纹的灵敏度要优于平行于涡流走向的裂纹。这个结论与涡流无损检测是一致的[117]。因此，在实际的检测过程中，要根据不同的缺陷，设计不同的加热线圈，以达到最好的检测效果。

（2）采用数据处理方法可以有效提高检测灵敏度。一阶空间导数法、傅里叶变换法等方法皆可用于涡流热成像的数据处理，详见第 6 章。

第 5 章 基于热传递的深层缺陷 定量评估方法

基于涡流场扰动的缺陷评估方法只适用于位于集肤深度之内的缺陷。针对超出集肤深度的深层缺陷,只能使用基于热传递的缺陷定量评估方法。根据涡流集肤深度,不同材料中涡流热成像的加热方式是不同的。金属材料中的涡流集肤深度通常比较小,可以视为近表面加热。铁磁性材料中的涡流集肤深度更小,可以视为表面加热。采用解析法研究铁磁性材料中深层缺陷的评估方法时,材料中涡流的集肤深度可以忽略不计[68]。这样就可以建立热传递的一维解析模型,对内部缺陷与下表面缺陷的深度进行定量检测。

5.1 缺陷深度定量的理论分析

热传递是一个三维过程,包括横向传递和纵向传递。纵向传递受内部缺陷影响,可用来对内部缺陷进行定量。但是,横向传递会减小缺陷与无缺陷区域的温差,带来"模糊效应"。如图 5.1 所示的下表面缺陷,定义缺陷横向宽度 V 与缺陷处剩余厚度 L_r 的比值为缺陷的体积深度比,即

$$v = V/L_r \tag{5.1}$$

在热传递过程中,缺陷导致的温度将向试件的其他部位传递。如 B 点的热量,既向 D 点传递,也向两侧(如 A 点)传递。假设材料的热属性是各向均匀的,那么热量横向和纵向的传递速度是一样的。通常,当缺陷的体积深度比 $v > 2$ 时,热传递的纵向传递效应会大于横向传递效应,缺陷导致的温度差才能被观察出来。本节的研究对象就是指符合 $v > 2$ 的情况,这样在使用解析模型分析时,不用考虑热量的横向传递。把复杂的三维热传递简化为一维纵向热传递,就可以对缺陷区域温度的纵向效应采用一维解析法进行建模分析,得出缺陷定量的方法。然后,分别对下表面缺陷和内部缺陷的定量进行研究。

1. 下表面缺陷的解析模型

图 5.1 所示为下表面缺陷的检测示意图。A 点位于无缺陷区域的正面,C 点位于无缺陷区域的背面,B 点位于缺陷区域的正面,D 点位于缺陷区域的背面。感应线圈置于缺陷的反面,对试件施加均匀的热量。Parker 等人[119]通过简

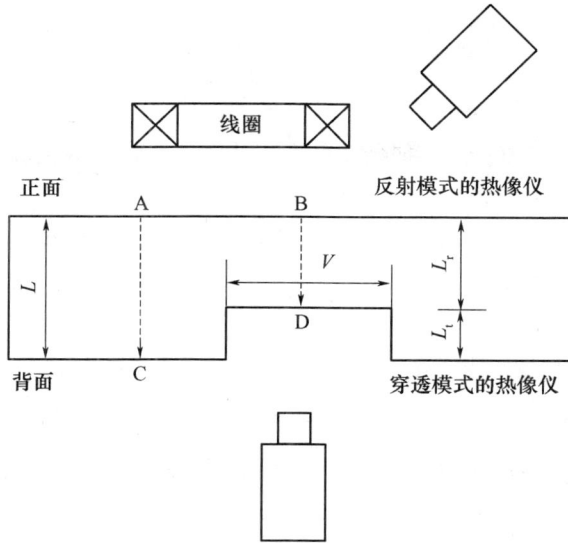

图 5.1　下表面缺陷的检测示意图

化 Carslaw 和 Jaeger[113] 提出的一维解析模型得到反射模式和穿透模式下无缺陷区域的温度变化分别为

$$T^{\mathrm{refl}}(t) = \frac{Q}{\rho C_p L}\Big[1 + 2\sum_{n=1}^{\infty}\exp\Big(-\frac{n^2\pi^2}{L^2}\alpha t\Big)\Big] \tag{5.2}$$

$$T^{\mathrm{tran}}(t) = \frac{Q}{\rho C_p L}\Big[1 + 2\sum_{n=1}^{\infty}(-1)^n\exp\Big(-\frac{n^2\pi^2}{L^2}\alpha t\Big)\Big] \tag{5.3}$$

式中:Q 为表面施加的热量;L 为试件的厚度;ρ, C_p, k, α 分别为材料的密度、热容量、热导率和热扩散系数。通过式(5.2)和式(5.3),结合缺陷区域的厚度变化,可分别对反射模式和穿透模式缺陷区域的温度变化进行解析分析。

1)反射模式分析

反射模式下,缺陷区域的温度变化 $T_{\mathrm{d}}^{\mathrm{refl}}(t)$ 可以表示为

$$T_{\mathrm{d}}^{\mathrm{refl}}(t) = \frac{Q}{\rho C_p L_r}\Big[1 + 2\sum_{n=1}^{\infty}\exp\Big(-\frac{n^2\pi^2}{L_r^2}\alpha t\Big)\Big] \tag{5.4}$$

式中:L_r 为缺陷区域的剩余厚度,小于试件的整体厚度 L。由此可知,缺陷区域的温度会高于无缺陷区域的温度。因此,缺陷区域在热像图上会显示为"亮点"。

通常使用缺陷区域和无缺陷区域的温度差(也称差分温度)来判断是否有缺陷以及衡量缺陷的深度,即

$$\Delta T_r = T_{\mathrm{d}}^{\mathrm{refl}} - T^{\mathrm{refl}}$$

61

$$= \frac{Q}{\rho C_p L_r} \left[1 + 2 \sum_{n=1}^{\infty} \exp(-n^2 \omega_r) \right] - \frac{Q}{\rho C_p L} \left[1 + 2 \sum_{n=1}^{\infty} \exp(-n^2 \omega) \right] \quad (5.5)$$

式中:$\omega = \pi^2 \alpha t / L^2$;$\omega_r = \pi^2 \alpha t / L_r^2$。

差分温度 ΔT_r 中的某些特征值通常可以表征缺陷的深度,如峰值时间,峰值等参数。

若将缺陷处剩余厚度 L_r 与试件厚度 L 的比值定义为缺陷厚度比 y,即

$$y = L_r / L \quad (5.6)$$

则有

$$\omega_r = \omega / y^2 \quad (5.7)$$

若设定 $\Delta V = \Delta T \rho C_p L / Q$ 为归一化差分温度,式(5.5)可以转化为

$$\Delta V_r = \frac{\rho C_p L}{Q} (T_d^{\text{refl}} - T^{\text{refl}})$$

$$= y^{-1} \left[1 + 2 \sum_{n=1}^{\infty} e^{-n^2 \omega_r} \right] - \left[1 + 2 \sum_{n=1}^{\infty} e - n^2 \omega \right]$$

$$= y^{-1} - 1 + 2 \sum_{n=1}^{\infty} (y^{-1} e^{-n^2 \omega / y^2} - e^{-n^2 \omega}) \quad (5.8)$$

可以发现,ΔV_r 将会在较迟的时间达到一个常数,这个常数是差分温度的最大值。当然,随着 $\omega = \pi^2 \alpha t / L^2$ 的持续增大,ΔV_r 终将会减少直到等于零。差分温度的幅值是应用最广泛的参数之一,但是它在缺陷深度定量评估方面并不可靠。实际上,ΔV_r 更多地应用于评估红外热成像方法的检测灵敏度[120]。

式(5.8)所示的差分温度的一阶导数可以表示为

$$\frac{d(\Delta V_r)}{d\omega} = 2 \sum_{n=1}^{\infty} n^2 (e^{-n^2 \omega} - y^{-3} e^{-n^2 \omega / y^2}) \quad (5.9)$$

从式(5.9)可以看出,一阶导数将在某一时刻达到最大值,称之为峰值时间 t_r。Ringermacher[121] 推导出了 t_r 和 L_r 之间的关系在 $y = L_r / L < 0.5$ 的范围内,可以表示为

$$t_r = \frac{3.64 L_r^2}{\pi^2 \alpha} \quad (5.10)$$

式(5.10)可用于对缺陷区域的剩余厚度 L_r 和缺陷的深度 L_t 进行定量。但是,式(5.10)来源于差分温度,需要无缺陷区域的温度变化作为参考信号。实际操作中,这会增加复杂性。Sheperd[90] 提出使用对数域的温度变化来定量评估缺陷的深度。温度的一维传导公式可以表示为

$$\frac{\partial^2 T}{\partial z^2} - \frac{1}{\alpha} \frac{\partial T}{\partial t} = 0 \tag{5.11}$$

瞬时的加热之后,物体表面的温度变化可以表示为

$$\Delta T = \frac{Q}{\alpha} \frac{1}{\sqrt{\pi t}} \tag{5.12}$$

对式(5.12)进行两边对数变换,得

$$\ln(\Delta T) = \ln\left(\frac{Q}{\alpha}\right) - \frac{1}{2}\ln(\pi t) \tag{5.13}$$

观察式(5.13)可发现,温度变化对时间 t 和材料属性的依赖被分开。无缺陷的对数域温度曲线的斜率为 $-1/2$。当热量在某一时刻 t_s 传递到缺陷时,温度曲线的斜率会变化,偏离 $-1/2$。这个偏离时间 t_s 可以表征材料的剩余厚度。Sheperd 对式(5.13)进行二阶求导,求得的最大值时间就是偏离时间 t_s。Sun 等人[88]获得了这个时间可表示为

$$t_s = \frac{L_r^2}{\pi \alpha} \tag{5.14}$$

式(5.10)和式(5.14)可以用来定量缺陷的深度。

2)穿透模式分析

在穿透模式下,缺陷背面区域的温度变化 $T_d^{tran}(t)$ 可以表示为

$$T_d^{tran}(t) = \frac{Q}{\rho C_p L_r}\left[1 + 2\sum_{n=1}^{\infty}(-1)^n\exp\left(-\frac{n^2\pi^2}{L_r^2}\alpha t\right)\right] \tag{5.15}$$

可以推测,由于表面热量的传递,$T_d^{tran}(t)$ 首先随着时间的变化而升高,出现一个峰值,最后随着热平衡而降低。因此,$T_d^{tran}(t)$ 的峰值时间可以表征缺陷处剩余厚度 L_r。

另外,缺陷区域与无缺陷区域的温度差 ΔT 可以表示为

$$\Delta T_t = \frac{Q}{\rho C_p L_r}\left[1 + 2\sum_{n=1}^{\infty}(-1)^n\exp(-n^2\omega_r)\right]$$
$$- \frac{Q}{\rho C_p L}\left[1 + 2\sum_{n=1}^{\infty}(-1)^n\exp(-n^2\omega)\right] \tag{5.16}$$

式(5.16)可以转化为

$$\Delta V_t = y^{-1} - 1 + 2\sum_{n=1}^{\infty}(-1)^n(y^{-1}e^{-n^2\omega/y^2} - e^{-n^2\omega}) \tag{5.17}$$

相应地,其一阶导数可以表示为

$$\frac{d(\Delta V_t)}{d\omega} = 2\sum_{n=1}^{\infty}n^2(-1)^n(e^{-n^2\omega} - y^{-3}e^{-n^2\omega/y^2}) \tag{5.18}$$

同样,一阶导数会在某一时刻达到最大值,并逐渐减小。一阶导数达到最大值的时间称为峰值时间 t_r。L_r 和 t_r 的关系可以通过求解 $d^2(\Delta V_t)/d\omega^2 = 0$ 得到。Vageswar[58]推导出了二者的关系在 $y = L_r/L < 0.5$ 的范围内可以表示为

$$t_r = \frac{0.9L_r^2}{\pi^2 \alpha} \tag{5.19}$$

式(5.19)可用于在穿透模式下定量评估缺陷区域的厚度 L_r 和缺陷的深度 L_t。

2. 内部缺陷的解析模型

图 5.2 所示为内部缺陷的检测示意图。A 点位于无缺陷区域正面,C 点位于无缺陷区域背面,B 点位于缺陷区域正面,D 点位于缺陷区域背面。在无缺陷区域,A 点的热量会传递到背面 C 点。而 B 点的热量在纵向传递过程中,会被内部缺陷阻碍。如果缺陷的内部存满空气,空气具有非常小的热传递系数。当缺陷的横向尺寸 V 足够大($V > 2L_r$),热量会被阻碍无法到达背面,并堆积在正面部分。因此,随着热传递的进行,在缺陷区域的背面(D 点)将会形成"暗斑",而在缺陷区域的正面(B 点)将会形成"亮点"。因此,可以依靠"亮点"和"暗斑"判断是否存在内部缺陷,并利用"亮点"和"暗斑"出现的时间初步判断缺陷的位置。简单而言,"亮点"和"暗斑"出现的时间越晚,缺陷离检测面的距离越大[88]。

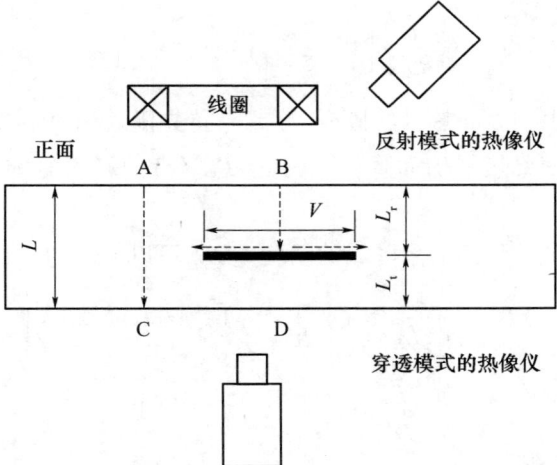

图 5.2　内部缺陷的检测示意图

反射模式下,A 点温度可用式(5.2)来表示,B 点温度可用式(5.4)来表示。则反射模式下对下表面缺陷的结论也适用于内部缺陷,内部缺陷可使用式(5.10)和式(5.14)进行深度定量。

穿透模式下,C 点温度可用式(5.3)来表示,但是 D 点温度很难使用一维解析模型来表示。因此,穿透模式下试件厚度可采用式(5.19)进行定量。

由此可知,在反射模式下,内部缺陷可使用下表面缺陷的结论来识别定量。但是在穿透模式下,内部缺陷的深度很难采用一维解析模型定量。

5.2 缺陷深度定量的数值分析

热传递是一个三维瞬态热传播问题,一维解析方法只适用于体积深度比 $v > 2$ 的缺陷。如果要完整地理解缺陷对热传递的影响,就需要通过数值计算方法来实现。本节通过三维有限元建模对下表面缺陷和内部缺陷的深度定量方法进行研究[82]。

1. 下表面缺陷的数值模型

图 5.3 所示为采用 COMSOL 建立的下表面缺陷的三维有限元模型。模型由线圈、试件、下表面缺陷和空气组成。为了给试件表面施加均匀的涡流场,设定 5 个平行的线圈。试件材料设置为钢。采用矩形块来代替下表面缺陷,材料设置为空气。激励频率为 256 kHz,电流为 380A,加热时间为 40ms,总的记录时间为 3s。

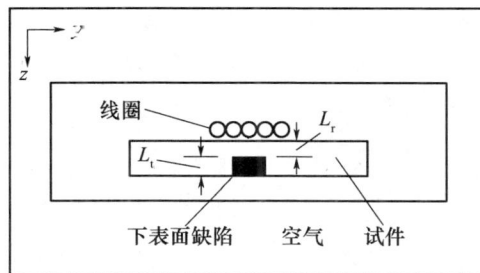

图 5.3 下表面缺陷的三维有限元模型

表 5.1 所列为下表面缺陷的尺寸示意图。缺陷 1~6 具有相同的横向尺寸 V 和不同的深度 L_t。缺陷 7~9 具有相同的深度,不同的横向尺寸。

定义 v_r 为反射模式下的体积/深度比,v_t 为穿透模式下的体积/深度比,分别如式(5.20)和式(5.21)所示。

$$v_r = V/L_r \tag{5.20}$$

$$v_t = V/L_t \tag{5.21}$$

缺陷的 v_r 和 v_t 如表 5.1 所列。对模型分析可知,在穿透模式下,表面的热量需穿透剩余厚度 L_r 才能被热像仪所记录。因此,也应该采用 v_r 作为缺陷能否检测的体积/深度比。

表 5.1　下表面缺陷尺寸参数

编号	V/mm	L_r/mm	L_t/mm	$y = L_r/L$	$v_r = V/L_r$	$v_t = V/L_t$
1	6	5	1	0.83	1.2	6
2	6	3	3	0.5	2	2
3	6	1	5	0.17	6	1.2
4	6	5.5	0.5	0.92	1.1	12
5	6	4	2	0.67	1.5	3
6	6	2	4	0.33	3	1.5
7	4	3	3	0.5	1.3	1.33
8	6	3	3	0.5	2	2
9	8	3	3	0.5	2.67	2.67

反射模式下,线圈一侧(缺陷反面)的温度被记录。缺陷 1~5 的归一化瞬态响应如图 5.4(a)所示。可见:

(1)在冷却阶段,缺陷区域的温度要比无缺陷处的温度高,这与前文的分析结果相一致,下表面缺陷表现为"亮点"。

(2)只有体积/深度比 v_r 大于等于 2 的缺陷(2 和 3)才可以被有效检测,体积/深度比 v_r 小于 2 的缺陷(1、4、5)很难被检测。

将温度曲线变换至对数域,图 5.4(b)所示为缺陷 2、3、5 和 6 的对数域曲线。缺陷 3 由于剩余厚度较小,受涡流直接加热的影响,有较多的热量产生。缺陷 6、2 和 5 依次与无缺陷曲线出现偏差。偏差出现的时间与剩余厚度成正比,剩余厚度越小,偏差出现得越早。

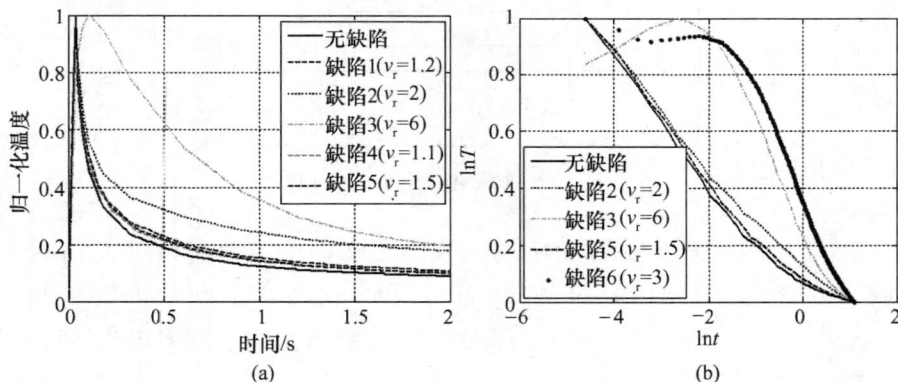

图 5.4　反射模式下不同缺陷的瞬态响应
(a)归一化温度曲线;(b)对数域。

穿透模式下,缺陷 1、2 和 3 在不同时间的热像图如图 5.5 所示。图 5.5 中,x 轴和 y 轴的单位是 m。图 5.5(a)所示为 40ms(加热结束阶段)时的热像图,只有缺陷3造成的高温区域可见。而且,缺陷3边缘区域的温度明显高于缺陷内部。这是由于缺陷的边缘阻碍了涡流的流动,在边缘区域形成了较多的涡流,进而产生了更多的焦耳热[82]。图5.5(b)所示为0.1s(冷却阶段)时的热像图,缺陷3的高温区域比图5.5(a)更加均匀。图5.5(c)所示为0.2s时的热像图,由于热传递过程,缺陷2造成的高温区域出现,且温度非常均匀。图5.5(d)所示为0.34s时的热像图,所有缺陷(1~3)造成的高温区域全部出现。可见,缺陷的深度和高温区域出现的时间有着必然的联系,"亮点"出现的越迟,说明缺陷区域的剩余厚度 L_r 越大,即缺陷离表面的距离越大。

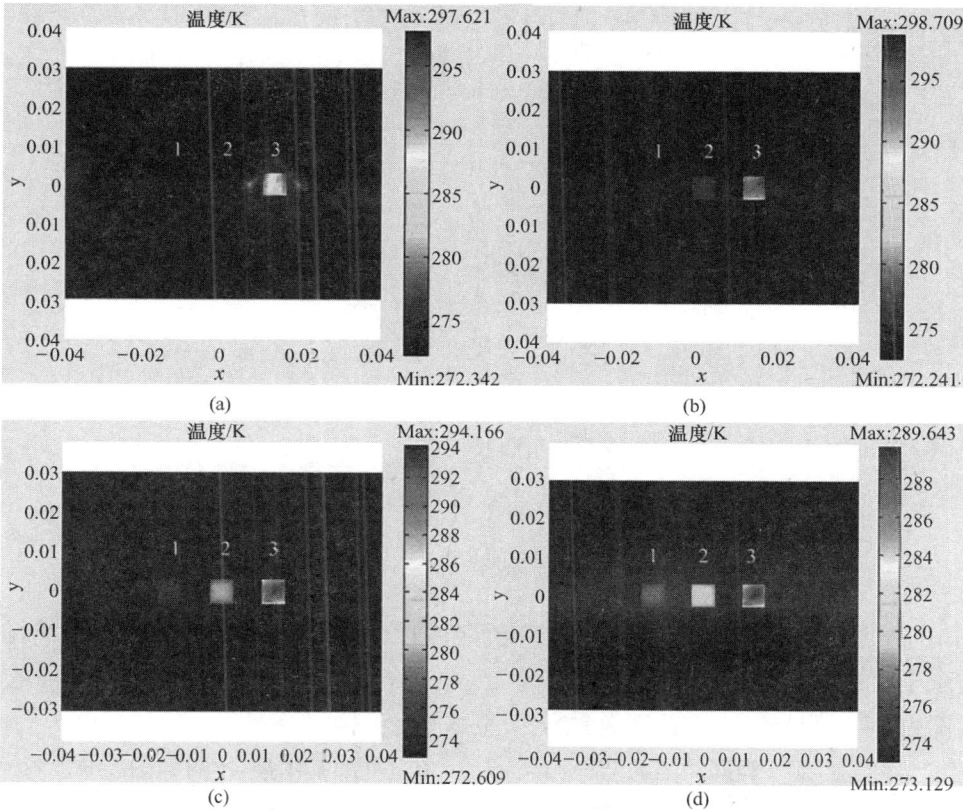

图5.5 穿透模式下缺陷1~3在不同时刻的热成像图

因此,与时间相关的特征值可用来表征缺陷的深度。缺陷1~6的归一化瞬态温度响应如图5.6所示。可见:

(1)体积深度比 $v_r \geq 2$ 的缺陷(2、3和6)可以被有效检测,而体积深度较小的缺陷(1和4)难以被检测。

(2)剩余厚度 L_r 越小,缺陷出现峰值的时间越小。该峰值时间可用来对缺陷的深度进行定量。

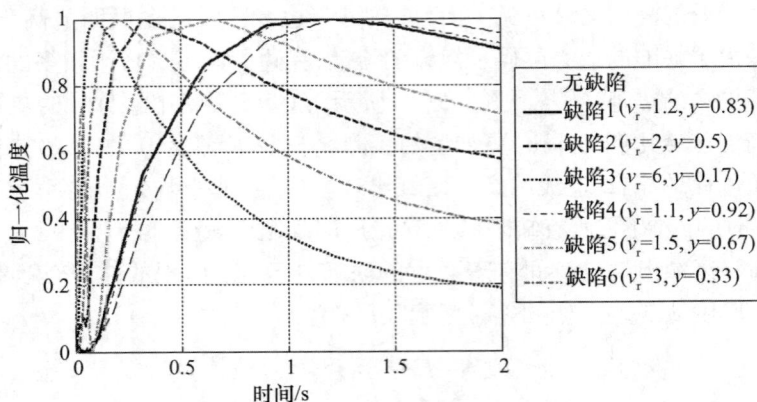

图 5.6　穿透模式下下表面缺陷的归一化瞬态温度响应

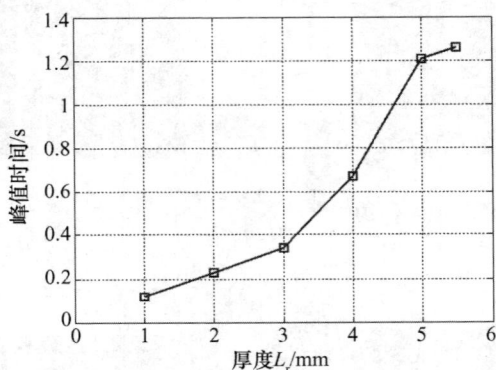

图 5.7　峰值时间与试件厚度的关系

　　提取各瞬态响应的峰值时间,其与深度的关系如图 5.7 所示。可见,随着剩余厚度的增加,峰值时间增大,即缺陷导致的"亮点"出现得越晚。在 $L_r < 3$ 的范围内,即 $y = L_r/L < 0.5$ 范围内,二者关系基本为线性。

　　为了验证下表面缺陷的结论,缺陷 7~9 在不同时间的热像图如图 5.8 所示。可见,在同一时间,缺陷 7~9 基本显示同样的温度,只是高温区域的大小不同。

2.　内部缺陷的数值模型

　　通过三维有限元建模对内部缺陷的深度定量进行研究。图 5.9 为内部缺陷的有限元模型示意图。模型由线圈、试件、下表面缺陷和空气组成。为了给试件表面施加均匀的涡流场,设定 5 个平行的线圈。试件材料设置为钢。采用方形块来代替下内部缺陷,材料设置为空气。设置了不同尺寸的内部缺陷,其编号和参数如表 5.2 所列。激励频率为 256 kHz,电流为 380A,加热时间为 40ms,总的记录时间为 3s。

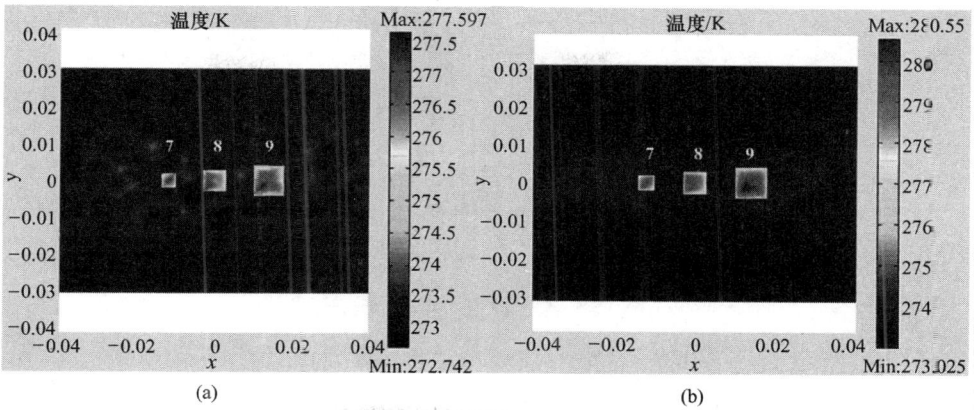

图 5.8 穿透模式下缺陷 7~9 在不同时刻的热像图

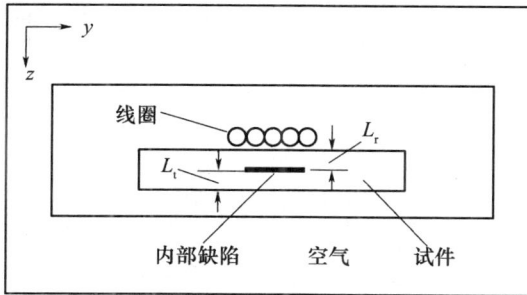

图 5.9 内部缺陷的有限元模型

表 5.2 内部缺陷的尺寸参数

缺陷编号	V/mm	L_r/mm	L_t/mm	$y = L_r/L$	$v_r = V/L_r$	$v_t = V/L_t$
1	6	3.5	1.5	0.58	1.71	4
2	6	3	2	0.50	2	3
3	6	2.5	2.5	0.42	2.4	2.4
4	6	2	3	0.33	3	2
5	6	1.5	3.5	0.25	4	1.71

反射模式下,缺陷 3、4 和 5 的瞬态响应如图 5.10 所示。其对数变换域的响应信号如图 5.11 所示。可见:

(1) 在冷却阶段,缺陷的温度要比无缺陷处的温度高,缺陷显示为"亮点",这与前文的分析结果相一致。

(2) 缺陷区域的剩余厚度 L_r 越大(剩余厚度比 y 越大),曲线与无缺陷曲线出现偏差的时间越晚。

69

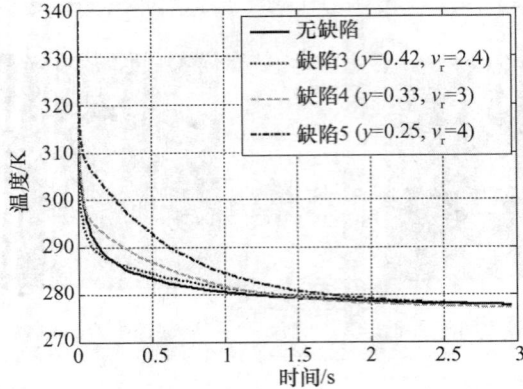

图 5.10　反射模式下内部缺陷

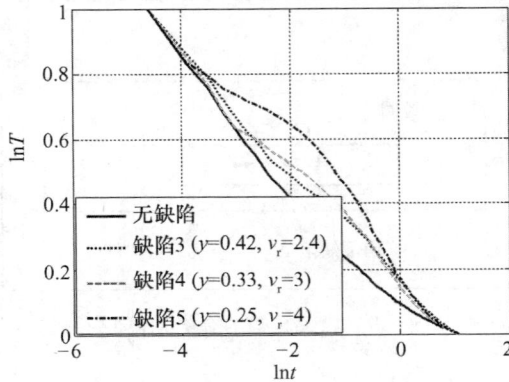

图 5.11　归一化后的对数变换域的响应信号

图 5.12 显示了缺陷 1、3 和 5 在不同时刻的热像图。在图 5.12（a）所示的 130ms 时的热像图中，只有缺陷 5（具有最小的 L_r）被加热且表示为"亮点"。在图 5.12（b）和（c）所示的 870ms 和 1.1s 时刻的热像图中，随着热量的传递，缺陷 3 和 1 依次出现。在图 5.12（d）所示的 2.7s 时刻的热像图中，随着横向热传递"模糊效应"的加剧，所有缺陷消失。这些结果暗示了缺陷区域的剩余厚度 L_r（缺陷离表面深度）与"亮点"出现的时间具有必然的联系。

穿透模式下，无缺陷区域的热量会传递到背面，而缺陷区域的热量被缺陷阻碍，无法到达背面。因此，背面的缺陷区域将显示为"暗斑"。图 5.13 所示为内部缺陷 1、3 和 5 在 200ms 时的热像图。可见内部缺陷在穿透模式下表现为"暗斑"，这与前文的分析结果相一致。另外可发现，在穿透模式下缺陷的可视性比在反射模式下要好。

图 5.14 显示了内部缺陷在穿透模式下的瞬态温度响应和归一化瞬态温度

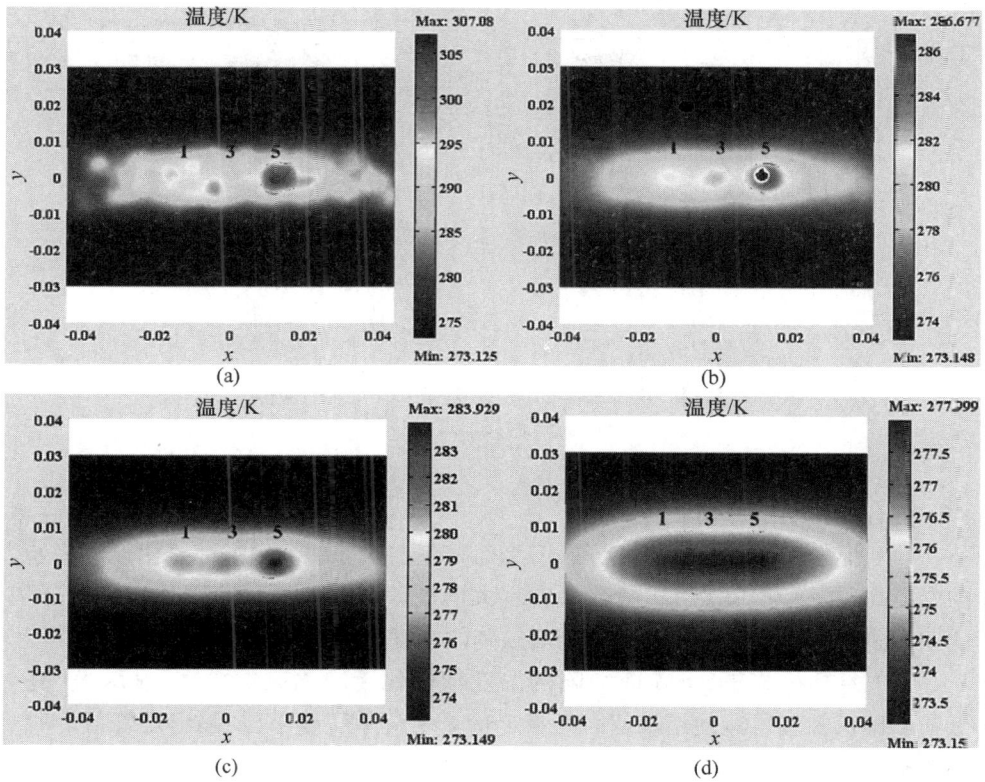

图 5.12　内部缺陷在反射模式下的热像图

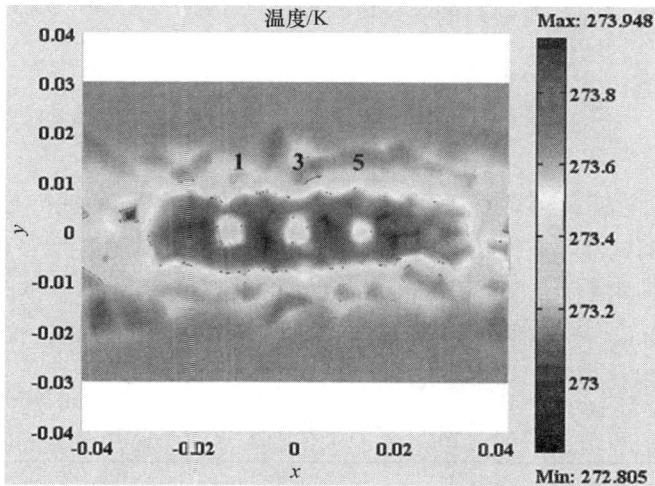

图 5.13　内部缺陷 1、3 和 5 的热像图

响应。可见,峰值时间与缺陷的深度不具备单调关系,很难进行定量评估。这与前文的分析结果相一致。

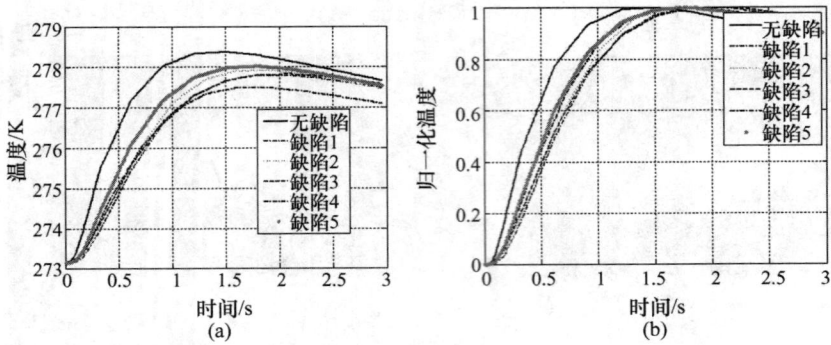

图 5.14 内部缺陷的瞬态响应和归一化瞬态响应
（a）瞬态响应；（b）归一化瞬态响应。

由有限元结果可知：

（1）反射模式下，在冷却阶段，下表面缺陷和内部缺陷的温度要比无缺陷处的温度高，显示为"亮点"。剩余厚度越大的缺陷，出现"亮点"的时间越晚；因此，时间特征值，如峰值时间可用来对缺陷的深度进行定量检测。

（2）穿透模式下，下表面缺陷的温度依然比无缺陷区域要高，显示为"亮点"；缺陷的深度可以使用峰值时间来定量。剩余厚度越小，缺陷出现峰值的时间越早。

（3）穿透模式下，内部缺陷的温度要比无缺陷区域要低，显示为"暗斑"。但是，很难提取特征值对缺陷的深度进行定量。

5.3 缺陷深度定量的实验研究

本节在反射模式和穿透模式下对下表面缺陷的检测评估进行实验研究。图 5.15 所示为钢试件。试件长×宽尺寸为 250mm×50mm，厚度 L 为 10mm。在试件上加工了不同深度 L_t（6mm、7mm、8mm 和 9mm）的凹槽以模拟缺陷，则四个缺陷的剩余厚度 L_r（离表面深度）分别为 4mm、3mm、2mm 和 1mm。缺陷的尺寸，如宽度 V、体积/深度比 v_r、厚度比 y 等参数见表 5.3。

表 5.3 钢试件中下表面缺陷尺寸参数

缺陷编号	V/mm	L_r/mm	L_t/mm	$y = L_r/L$	$v_r = V/L_r$	$v_t = V/L_t$
1	6	4	6	0.4	1.5	1
2	6	3	7	0.3	2	0.86
3	6	2	8	0.2	3	0.75
4	6	1	9	0.1	6	0.67

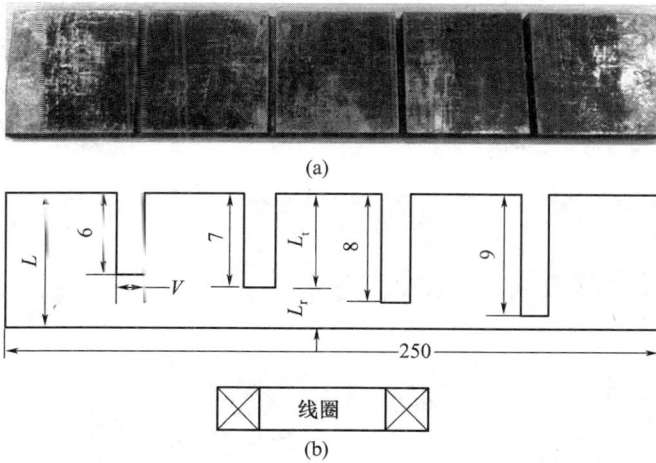

图 5.15 带有下表面缺陷的钢试件

(a) 照片；(b) 截面图。

1. 反射检测模式

反射模式下，把感应线圈置于无缺陷一侧，以模拟下表面缺陷的检测。热像仪记录无缺陷一侧的温度变化。实验中，加热时间为 100ms，总的记录时间为 500ms。图 5.16 显示了四个缺陷在不同时刻的热像图。200ms 时，4mm 和 3mm 深缺陷无法观测到，2mm 深缺陷隐约可见，1mm 深缺陷清晰可见。由于 4mm 深缺陷处的剩余厚度比较小，在加热阶段结束时，缺陷处的热量已传递到背面。300ms 时，3mm 深缺陷开始清晰可见；500ms 时，2mm 深缺陷开始出现。该实验结果与前文的结论相一致：

（1）下表面缺陷表现为"亮点"。

（2）"亮点"出现的时间与缺陷的深度有关系，缺陷处剩余厚度越小（深度越小），"亮点"出现的越早。

（3）体积/深度比 v_r 为 1.5 的 4mm 深缺陷很难被检测，而其余三个体积/深度比 v_r 大于 2 的缺陷可以被检测。

图 5.17 所示为四个缺陷在冷却阶段的归一化温度曲线。可以发现，缺陷和无缺陷区域的温度都呈下降趋势。在某一固定时刻，缺陷区域的温度要高于无缺陷区域的温度。图 5.18 所示为四个缺陷的在冷却阶段的差分归一化瞬态温度曲线，在 500ms 范围内，4mm 深缺陷的峰值时间出现得最早。这与先前的结论相一致，缺陷深度（剩余厚度）越小，峰值（亮点）出现得越早。

2. 穿透检测模式

穿透模式下，把感应线圈置于无缺陷一侧，以模拟下表面缺陷的检测。热像仪记录缺陷一侧的温度变化。实验中，加热时间为 200ms，总的记录时间为 2s。

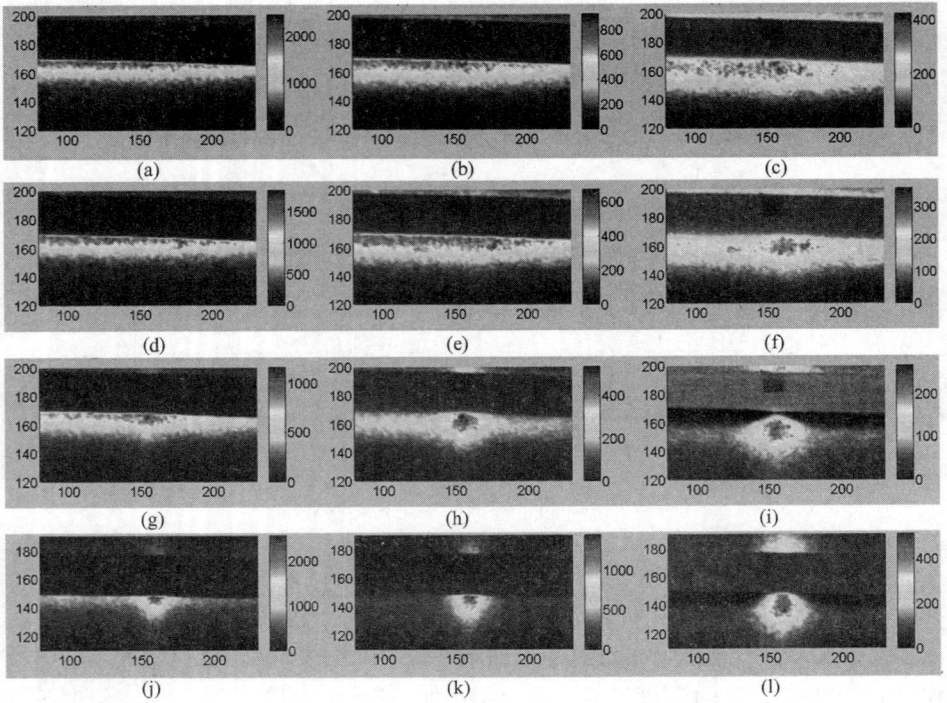

图 5.16　反射模式下四个下表面缺陷在不同时刻的热像图

（a）4mm 深缺陷,200ms;（b）4mm 深缺陷,300ms;（c）4mm 深缺陷,500ms;

（d）3mm 深缺陷,200ms;（e）3mm 深缺陷,300ms;（f）3mm 深缺陷,500ms;

（g）2mm 深缺陷,200ms;（h）2mm 深缺陷,300ms;（i）2mm 深缺陷,500ms;

（j）1mm 深缺陷,200ms;（k）1mm 深缺陷,300ms;（l）1mm 深缺陷,500ms。

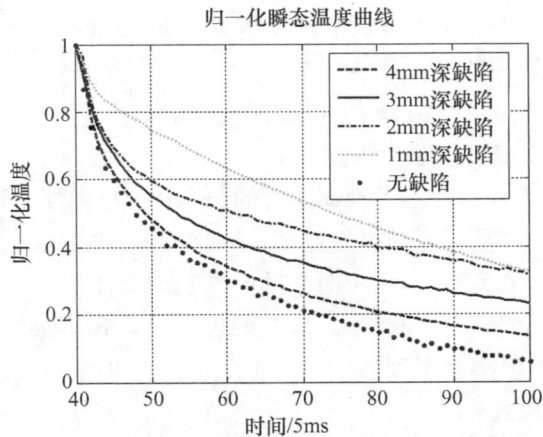

图 5.17　下表面缺陷的归一化瞬态温度曲线

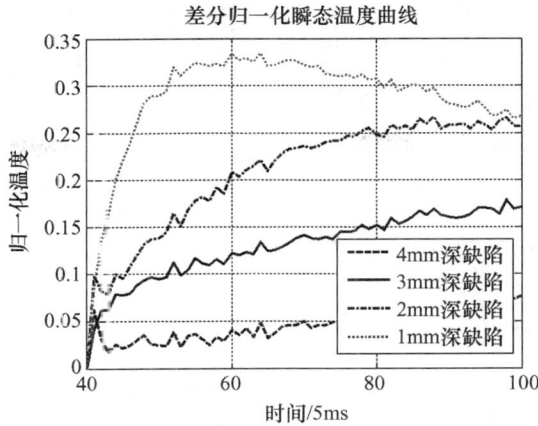

图 5.18　下表面缺陷的差分归一化瞬态温度曲线

图 5.19 显示了 4mm 深、3mm 深和 1mm 深的下表面缺陷在不同时刻(100ms、300ms 和 400ms)的热像图。4mm 深缺陷的最大温度出现于 400ms 左右,如图 5.19(c)所示;3mm 深缺陷的最大温度出现在 300ms 左右,如图 5.19(e)所示;1mm 深缺陷的最大温度出现在 100ms 左右,如图 5.19(g)所示。由此可见,缺陷区域剩余厚度越小,缺陷的"亮点"出现得越早。

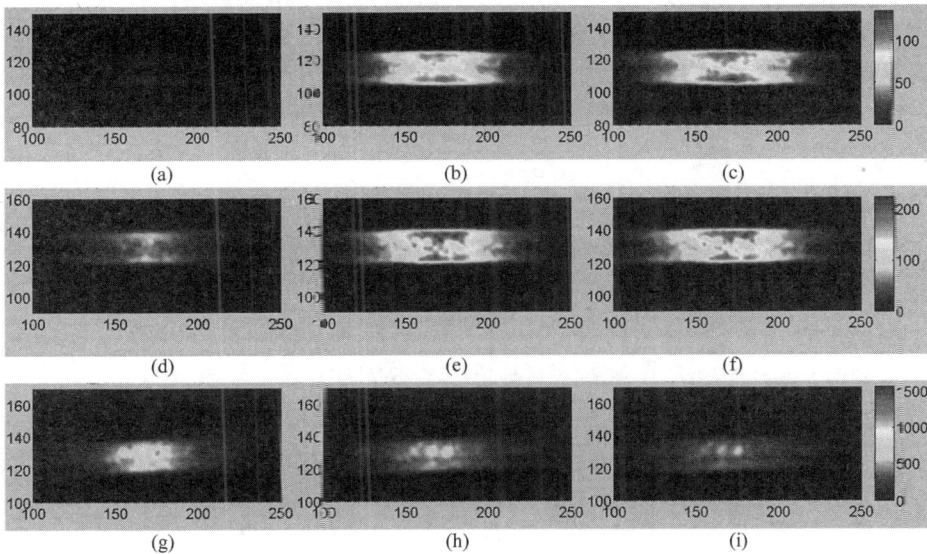

图 5.19　穿透模式下三个下表面缺陷在不同时刻的热像图

(a) 4mm 深缺陷,100ms;(b) 4mm 深缺陷,300ms;(c) 4mm 深缺陷,400ms;

(d) 3mm 深缺陷,100ms;(e) 3mm 深缺陷,300ms;(f) 3mm 深缺陷,400ms;

(g) 1mm 深缺陷,100ms;(h) 1mm 深缺陷,300ms;(i) 1mm 深缺陷,400ms。

图 5.20 显示了四个缺陷的归一化瞬态温度曲线。可见,缺陷区域剩余厚度越小,峰值时间出现得越早。图 5.21 显示了峰值时间与剩余厚度的关系,图中直线为根据测量值得到的拟合结果。实验结果显示,在缺陷厚度比 $y < 2$ 的范围内,峰值时间与剩余厚度基本呈线性关系。

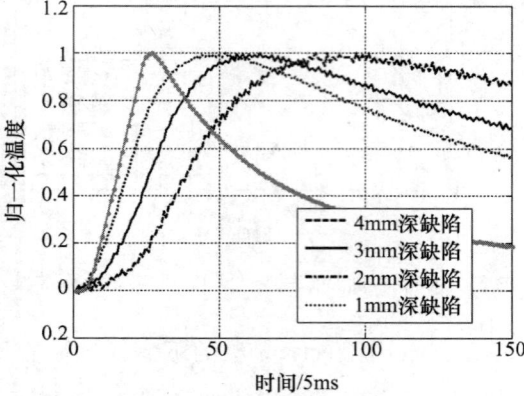

图 5.20　四个缺陷的归一化瞬态温度曲线

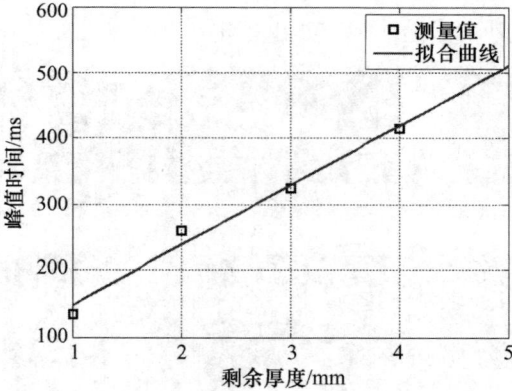

图 5.21　峰值时间与剩余厚度的关系

第6章　涡流脉冲热成像信号的
基本处理方法

根据激励方式,涡流热成像检测技术主要分为涡流脉冲热成像检测技术和涡流锁相热成像检测技术。二者的信号分析与处理方法既有相同之处,又有较大的差异。本章主要介绍涡流脉冲热成像信号的基本处理方法。

6.1　热像仪数据的基本分析方法

在涡流脉冲热成像检测中,由热像仪记录的原始数据是三维阵列。如图6.1所示,$m \times n$ 代表热成像仪的像素,p 代表记录的帧数。每一帧的数据为二维阵列,即在每一帧(每一时刻)的温度值是一个 $m \times n$ 阵列。每个像素点的温度变化是一个一维向量。使用热像仪配套软件或借助于其他数据处理软件,可以观察某一时刻的温度分布图、某一曲线的温度轮廓曲线、某一个像素点的瞬态温度变化曲线或某一轨迹的温度—时间变化曲线。

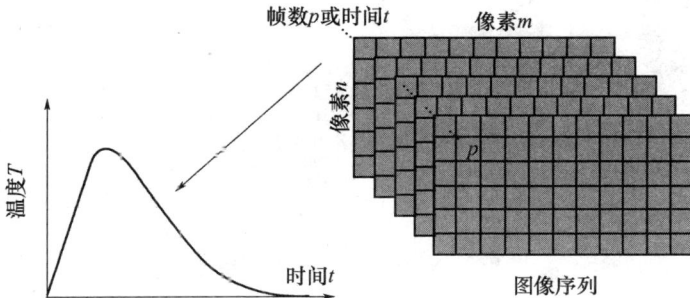

图 6.1　涡流脉冲热成像数据格式示意图

1. 二维热成像图

二维热成像图(Thermal Image)也称为伪三维热成像图。热像仪实时显示的温度分布图就是一个二维热成像图。热像仪记录的数据中,每一时刻的数据是一个二维阵列。这个二维阵列可以直接构成一幅图像。其横坐标与纵坐标代表热像仪像素的距离。温度的变化可以采用色彩的变化来表示。图 6.2 显示了热成像图的两种显示形式——伪三维图和等高线图,可以看出两条裂纹比周边的区域有更高的温度。这种分析方法通常用来直观地发现缺陷并确定缺陷在平面中所处的位置。

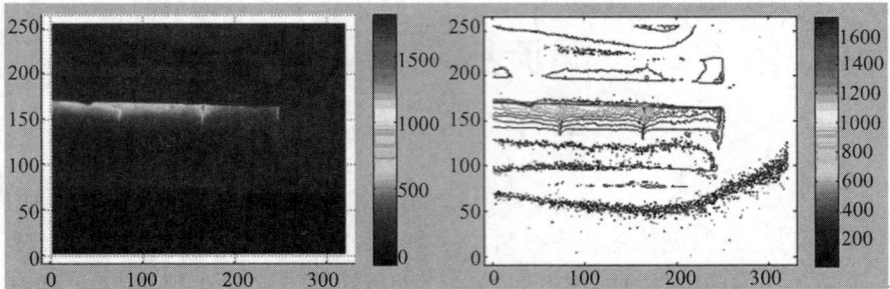

图6.2 温度分布

2．温度轮廓曲线

热成像图中某条轨迹(直线或曲线)的温度分布称为温度轮廓(Thermal Profile)。图6.3(b)所示为图6.3(a)中直线在某一时刻的温度分布。很明显,两条裂纹比旁边区域有更高的温度。采用这种分析方法可以直观地判断直线所跨域的区域是否存在缺陷。

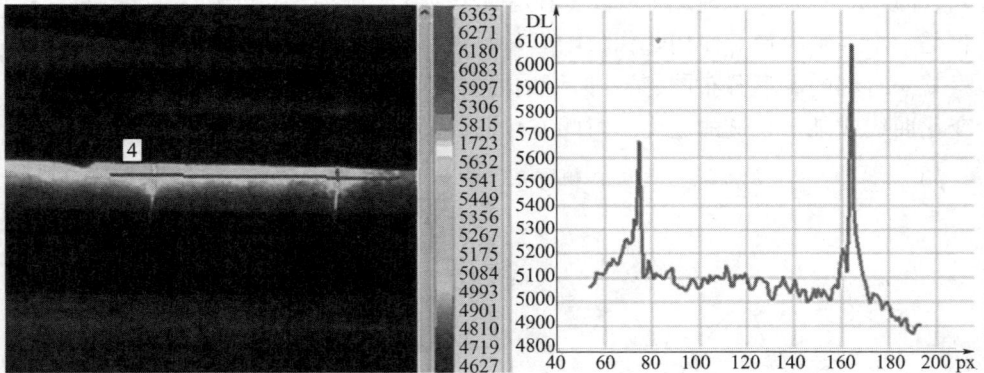

图6.3 某条轨迹的温度轮廓曲线

3．瞬态温度响应

瞬态温度响应(Transient Response)又称温度历史(Temperature History),特指某一像素点的温度—时间曲线。由于热像仪与被检对象的相对位置是固定的,这一像素点的温度变化可看做是检对象表面某一点的温度—时间曲线。在涡流脉冲热成像检测技术中,它主要包括两个阶段:感应加热阶段和冷却阶段。图6.4所示为某一像素点的瞬态温度响应。这种分析方法通常用于比较几个不同位置的温度变化趋势,并用于提取对缺陷尺寸敏感的时域特征值,可用来判断缺陷的深度等参数。

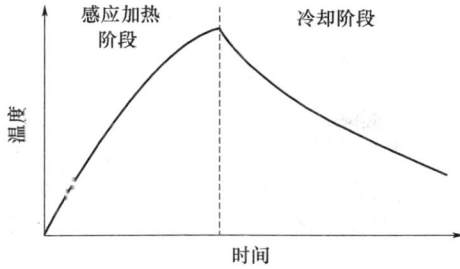

图 6.4　某一像素点的瞬态温度相应

4. 温度—距离—时间图

某一轨迹的温度—时间变化曲线,是指提取某一条线上随时间变化的温度分布,并在三维坐标中予以显示。一个坐标代表轨迹所跨越的空间距离,一个坐标代表时间,另一个坐标代表温度。图 6.5 显示了图 6.3 中直线的温度—距离—时间图。从图 6.5 中可以发现,除了两个缺陷可以很明显地识别外,如果两个缺陷在时间轴上有差异,也可以清楚地看出来。因此,用这种方法既可以直观地发现缺陷,又有利于分析缺陷的深度位置,从而提供更多的缺陷信息。

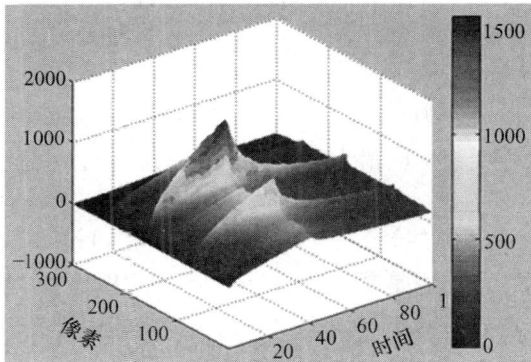

图 6.5　温度—距离—时间图

6.2　时域信号处理方法

1. 瞬态温度响应处理方法

瞬态温度响应处理方法主要针对单个像素点的瞬态温度信号。

1）绝对温度升高法

还未施加激励时,被检物体的表面就呈现出一定的温度差异。当被检物体被加热并冷却时,每一点的温度变化被热像仪记录。把所有帧的温度数据减去第一帧的温度,从而得到每一点的绝对温度升高值,来衡量每一点的温度变化。

79

绝对温度升高值可以使用下式表示：

$$\Delta T(i,j,k) = T(i,j,k) - T(i,j,1)$$
$$(i = 1,2,\cdots,m, \ j = 1,2,\cdots,n, \ k = 1,2,\cdots,p) \tag{6.1}$$

图6.6所示为几个点的绝对温度升高曲线。可以发现，在绝对温度升高曲线上，比较容易对比几个点的温度变化趋势。如图6.6所示，所选择三个点的温度在开始的5帧以内，区别并不大。

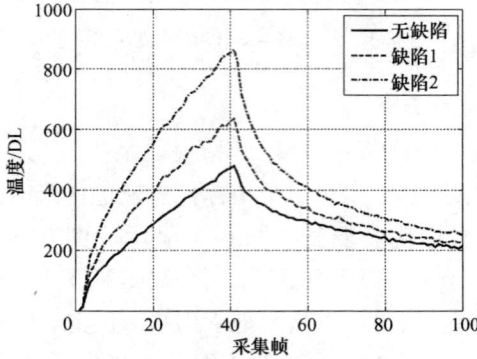

图6.6　绝对温度升高曲线

2）峰值归一化法

峰值归一化可以表述为，首先求出每一个像素点的温度最大值，然后用所有时刻的温度除以这一像素点的最大值，进行归一化。可以用下式表示：

$$\Delta T_{norm}(i,j,k) = \frac{\Delta T(i,j,k)}{\max(\Delta T(i,j,k))} \tag{6.2}$$

峰值归一化的一个作用是减少提离（激励线圈和被检对象的距离）的影响。此方法已被证明能有效地减小涡流检测中的提离效应[122, 123]。另一个作用是有利于比较温度升高阶段和降低阶段的变化趋势。图6.7为经过峰值归一化处理后的三个点的瞬态温度响应。可以发现：三个点的瞬态温度曲线在开始的5帧以内基本上是重合的；在冷却阶段，缺陷2的温度变化比缺陷1更明显，这是由于缺陷2的深度比缺陷1大造成的。

3）参考信号法

通常情况下，需要选择一个无缺陷区域的瞬态温度响应作为参考信号。通过检测信号与参考信号的对比或做差值来分析缺陷情况。图6.8为经过绝对温度升高法后，采用无缺陷信号作为参考信号，其他信号与参考信号做差分的结果。很明显，信号之间的差异更多地体现在加热阶段。

图6.9为依次经过绝对温度升高法、峰值归一化法和参考信号法处理之后的瞬态温度曲线。可以看出，缺陷之间的差异更多地体现在冷却阶段。

80

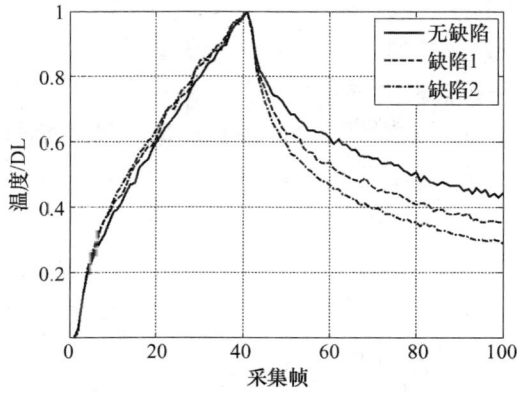

图 6.7　归一化处理的瞬态温度曲线

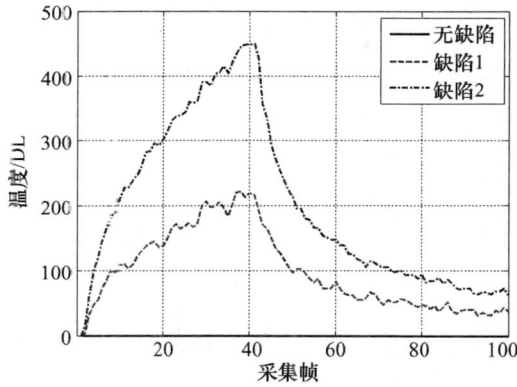

图 6.8　差分处理之后的瞬态温度曲线

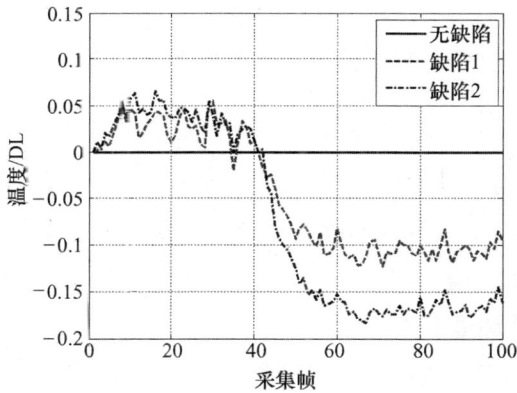

图 6.9　经过绝对温度升高法、峰值归一化法和参考信号法之后的瞬态温度曲线

4）导数法

导数法是分析每一像素点瞬态温度响应的斜率变化,得出与时间相关的特

征值。图 6.10 为图 6.8 经过一阶导数处理之后的温度曲线。在该曲线上可以很明显地发现几个特征值,如最大值时间、最小值时间、过零时间。其中,最大值时间对应于图 6.8 中加热阶段斜率最大的时间;最小值时间对应于图 6.8 中冷却阶段斜率最小的时间。该方法已在传统热成像中得到了广泛应用。在求出一阶导数和二阶导数之后,可以得出一些与时间相关的特征量,用来表征缺陷所处的位置[88,124]。

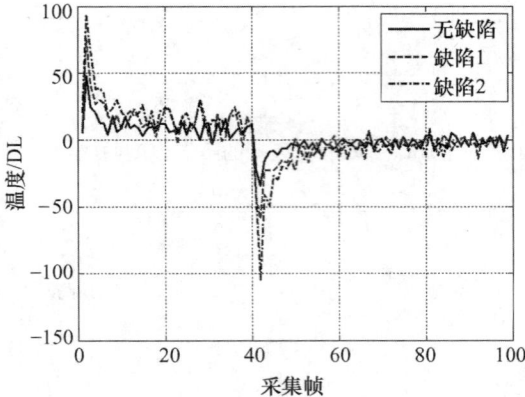

图 6.10　一阶导数处理之后的瞬态温度曲线

5）拟合法

拟合法的主要目的是减少噪声、提高时域特征值的精确度。热像仪的图像采集频率总是有限的,如高端热像仪 SC 7500 在 320×256 的像素条件下也只能达到 383Hz 的采集频率,即每一像素点两个采样值之间的最小间隔时间为 2.6ms,这对于精确定量缺陷的深度是不够的。采用拟合法可以有效消除某一个像素点上的噪声,并提高最大值等时间特征值的精度。常用的拟合方法有多项式拟合法与最小二乘拟合法[88,124]。

6）对数域变换法

传统的温度—时间曲线可以变换为对数域。经过对数域变换后,一些新的特征值可以用来表征被检物体的固有性质。有关对数域变换法的详细资料可查阅其他文献,本书不做赘述[90,124]。

2. 不同时刻的温谱图

在实际检测中,不仅可以对某一像素点的瞬态温度响应进行分析,还可以提取某一区域所有像素点的某个特征值,形成二维热像图。热成像图即可以由不同时刻的温度构成,也可以由其他特征值(峰值时间)等构成。由温度构成的热像图又称为温谱图。

选取不同时刻的温度值是构成热像图的主要形式。热像图时刻的选取主要依照涡流加热过程和热传递过程。通常的选取原则是：

（1）选取缺陷所引起的温度差异最大时的热像图。

（2）在可检测范围内,缺陷越深,所引起的温度差异出现得越晚。

图 6.11 为某缺陷在穿透模式下不同时刻的温谱图。在 10ms 时加热刚开始,背面施加的热量尚未传播到检测面,无法观察到缺陷引起的温度变化;60ms 时,可以观察出缺陷引起的温度差异;130ms 时的温度差异最明显;在冷却阶段的 200ms 时,随着热传递的继续,缺陷引起的温度差异逐渐变小;在 500ms 时,差异基本消失。因此,对于浅层缺陷,需要选取较早的信息构成热像图;对于较深缺陷,需要选取较晚的信息构成热像图。

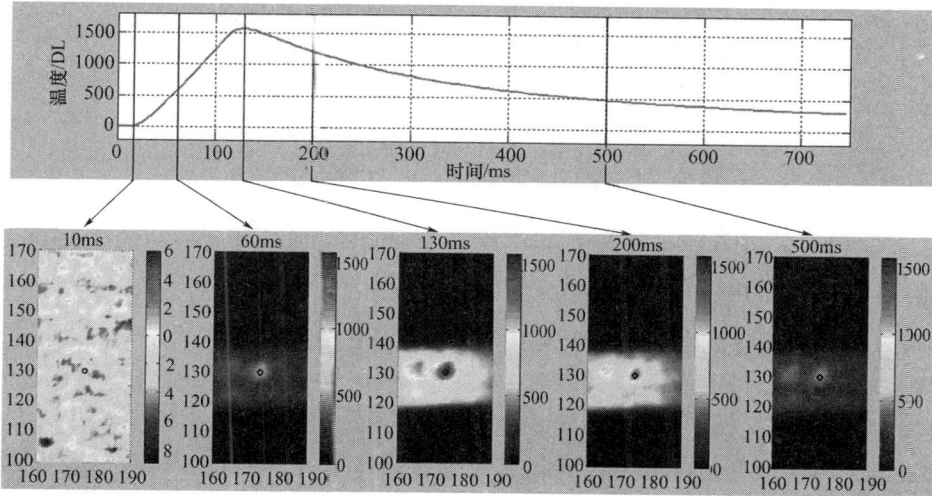

图 6.11 穿透模式下某缺陷在不同时刻的温谱图

此外,通过对瞬态温度响应的处理,可以得到各像素点不同形式的温度响应,如差分温度信号、归一化温度信号、一阶导数温度信号等,进而提取一些新的特征值。因此,也可以选取每个像素点的其他特征值形成热像图,以改进成像质量。

6.3 频域信号处理方法

从数学上来说,一个脉冲信号可以被分解为多个谐波成分。当采用脉冲信号加热试件时,不同频率的热波将会产生并在试件中传播,并具有不同的传播深度。不同深度的缺陷会对不同频率的热波造成影响。通过傅里叶变换,把热像仪记录的瞬态温度变化数据从时域转换到频域,即可获得幅值响应和相位响应。再根据不同频率时的幅值和相位,就可以获得被检对象在不同深度的信息。图 6.12 所示为时域信号向频域信号转换的示意图。

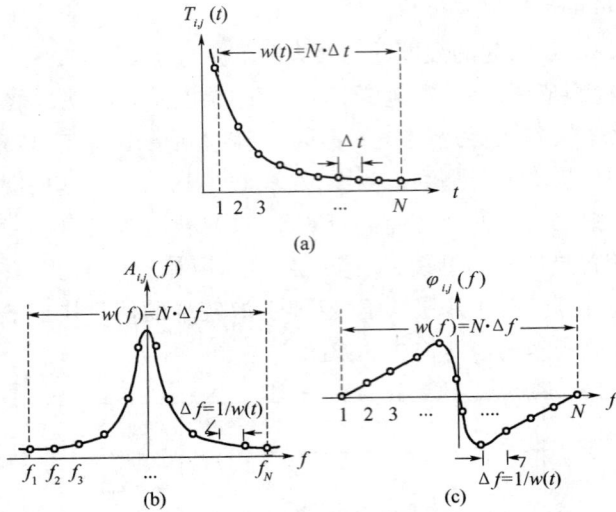

图 6.12　傅里叶变换示意图

（a）温度响应；（b）幅值响应；（c）相位响应。

　　在实际应用中，通过离散傅里叶变换，可以计算所有谐波成分的实部和虚部。离散傅里叶变换的计算公式为

$$F(v) = \frac{1}{N}\sum_{n=0}^{N-1} T(n)\,\mathrm{e}^{-\mathrm{i}2\pi fn/N} = R(f) + \mathrm{i}I(f) \tag{6.3}$$

式中：$R(f)$，$I(f)$ 分别为实部和虚部。然后，计算幅值和相位，计算公式如下：

$$A(f) = \big| F(f) \big| = \sqrt{[R(f)]^2 + [I(f)]^2} \tag{6.4}$$

$$\varphi(f) = \arctan\Big[\frac{I(f)}{R(f)}\Big] \tag{6.5}$$

　　由式（6.4）和式（6.5）得到的幅值和相位信息在识别缺陷方面具有独特的优势。采用某一频率的幅值或相位信息来表征被检对象内部情况，就可以发现不同深度的缺陷。

　　对每个像素点的时域信号进行傅里叶变换，可以得到各像素点的幅值响应和相位响应。选取每个像素点在某一频率的幅值或相位，可以形成新的热像图。由幅值和相位形成的热像图又称为幅值谱图和相位谱图。图 6.13（a）所示为某下表面缺陷在 500ms 时的温谱图，缺陷紧挨激励线圈的区域产生了较大的温度变化，可以很好地识别出来。图 6.13（b）和（c）分别为 3.125Hz 时的幅值谱图和相位谱图。可以发现：

　　（1）幅值谱图的缺陷识别效果要优于 500ms 时的温谱图，缺陷区域更准确。

　　（2）相位谱图的缺陷识别结果最好，整条缺陷可以清晰地识别出来。

　　（3）幅值谱图和相位谱图上也存在一些干扰信息。

84

在实际检测中,把温谱图转换为频域的幅值谱图和相位谱图是必需的;同时,对它们进行进行图像融合,可以得到更加准确的缺陷信息和更加可靠的检测结论。

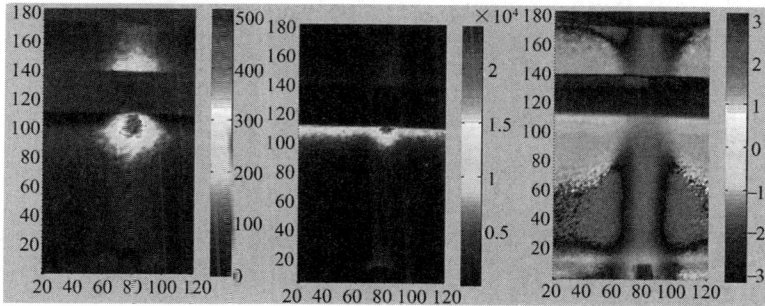

图6.13 某下表面缺陷的温谱图、幅值谱图和相位谱图
(a) 500ms 温谱图;(b) 3.125Hz 幅值谱图;(c) 3.125Hz 相位谱图。

6.4 热成像图处理方法

最基本的图像处理方法就是图像增强方法,它可以分为空间域方法和频域方法。"空间域"一词是指图像平面本身,这类方法是以对图像的像素及其邻域直接处理为基础的。空间域处理可由下式定义:

$$g(x,y) = T[(f(x,y))] \tag{6.6}$$

式中:f 为输入图像;g 为处理后的图像;T 为对 f 的一种操作,如线性变换、对数变换、逻辑运算等。有关空间域图像增强的详细理论介绍可参考其他资料[125],以下介绍几种在涡流热成像领域中行之有效的图像处理方法。

1. 图像的代数运算

代数运算是指对两幅图像进行点对点的加、减、乘和除计算而得到输出图像的运算。

两幅图像 $f(x,y)$ 与 $h(x,y)$ 的加法操作可表示为

$$g(x,y) = f(x,y) + h(x,y) \tag{6.7}$$

加法操作的一个重要应用是对同一场景的多幅图像求平均值,可以有效降低随机噪声的影响。

两幅图像 $f(x,y)$ 与 $h(x,y)$ 的减法操作可表示为

$$g(x,y) = f(x,y) - h(x,y) \tag{6.8}$$

减法处理的主要作用是消除背景噪声,突出两幅图像的差异部分。在实际检测中,在相同检测条件下分别检测待检试件和无缺陷试件,得到它们在某一时刻的热像图,如图6.14(a)和(b)所示。把二者分别作为 $f(x,y)$ 与 $h(x,y)$,然后做减法处理,最终得到了图6.14(c)所示的热像图。图中,线圈和试件造成的背

景噪声都被消除了,可以清晰地发现裂纹的存在。这个实例充分说明了减法处理可以有效消除背景噪声,突出缺陷信号。

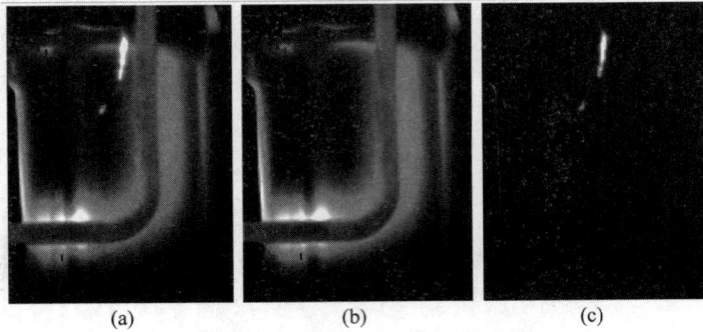

(a)   (b)   (c)

图 6.14 待检试件、标准试件及相减之后得到热像图

2. 直方图处理

直方图是多种空间域处理技术的基础。灰度直方图是用于表示图像像素灰度值分布情况的统计表,有一维直方图和二维直方图之分。其中,最常用的是一维直方图。

对于数字图像 $f(x,y)$,设图像灰度值为 $a_0,a_1,\cdots,a_{k-1}$,则灰度值为 a_i 的概率密度函数为

$$P(a_i) = \frac{\text{灰度级为 } a_i \text{ 的像素数}}{\text{图像上总的像素数}} (i = 0,1,2,\cdots,k-1) \tag{6.9}$$

且有

$$\sum_{i=0}^{k-1} P(a_i) = 1 \tag{6.10}$$

一幅图像的直方图可以反映出图像的特点。当图像的对比度较小时,它的灰度直方图表现为较小的一段区间内非零。较暗的图像表现为,直方图上低灰度区间内非零,而高灰度区间上的幅值很小或为零。看起来清晰柔和的图像,它的直方图分布比较均匀。

图 6.15 为某下表面缺陷在 500ms 时的归一化灰度图和灰度直方图。从直方图可以看出,图像的对比度很低,灰度级主要集中在 0.25~0.6 范围内。

直方图均衡的作用是改变图像中灰度概率分布,使其均匀化。其实质是使图像中灰度概率密度较大的像素向附近灰度级扩展,因而灰度层次拉开;而概率密度较小的像素灰度级收缩,从而让出原来占有的部分灰度级。这样的处理使图像充分有效地利用各个灰度级,因而增强了图像对比度。对图 6.15 中的结果进行直方图均衡化处理。图 6.16 为均衡化后的归一化灰度图和灰度直方图。可见,图像对比度得到了增强,缺陷部位很容易识别。

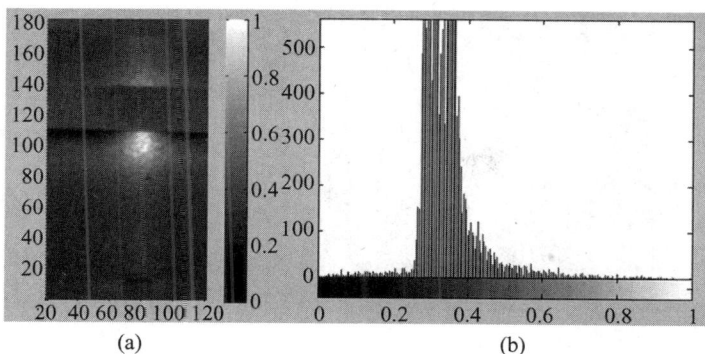

图 6.15　某下表面缺陷在 500ms 时的归一化灰度图和灰度直方图

(a) 500ms 时的灰度图；(b) 灰度直方图。

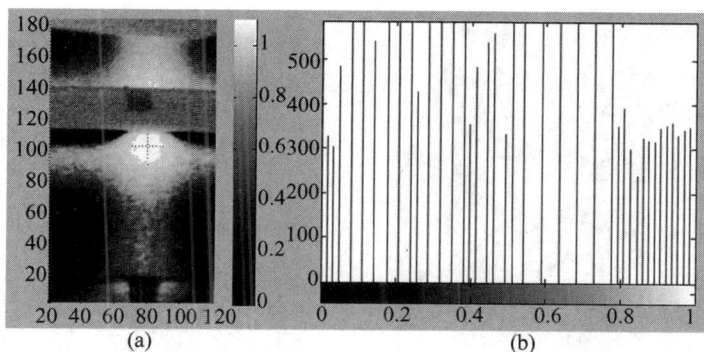

图 6.16　均衡化后的归一化灰度图和灰度直方图

(a) 均衡化后的灰度图；(b) 均衡化后的灰度直方图。

除直方图均衡外，还可以根据直方图的分布进行其他变换。对图 6.15 中的结果进行直方图处理，把 0.25 ~ 0.6 范围的灰度线性变换为 0 ~ 1 范围。图 6.17 为线性变换后的归一化灰度图和灰度直方图。可见，图像对比度得到了进一步增强，缺陷部位更容易识别。

直方图均衡虽然增大了图像的对比度，但往往处理后的图像视觉效果生硬、不够柔和，有时甚至会造成图像质量的恶化。另外，均衡后的噪声比处理前明显，这是因为均衡没有区分有用信号和噪声。当图像中噪声较大时，噪声也被增强。

3. 空间滤波法和模糊处理

空间滤波法主要用于模糊处理和减小噪声。主要的空间滤波法有均值滤波、中值滤波和维纳滤波。这些算法的原理及其应用可以参考专门的数字图像处理书籍。图 6.18 为某缺陷在中值滤波前后的对比。可以发现，图像中的随机噪声被有效降低；同时，缺陷造成的"亮区"也被模糊化。

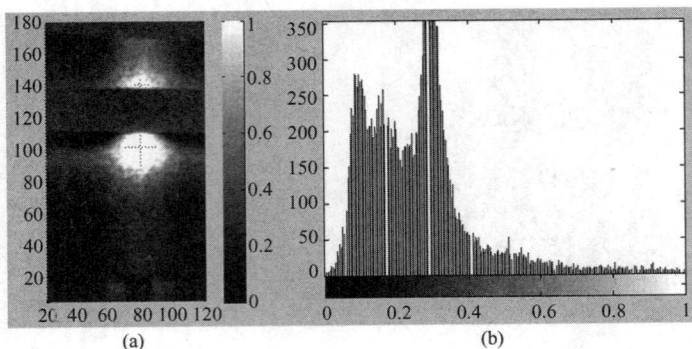

图 6.17 线性变换后的归一化灰度图和灰度直方图

（a）线性变换后的灰度图；（b）线性变换后的灰度直方图。

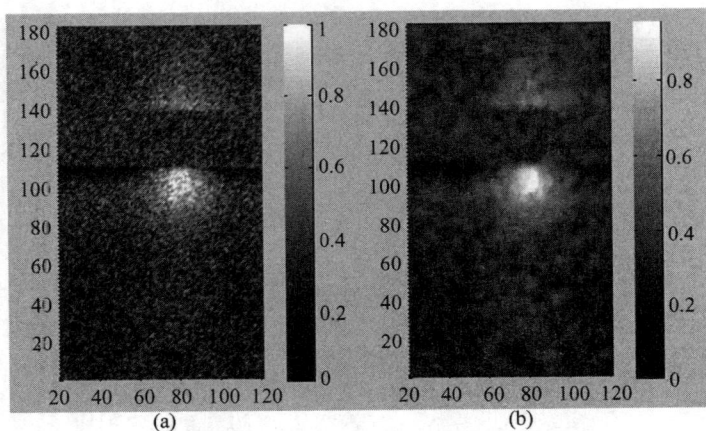

图 6.18 中值滤波前后

（a）滤波前；（b）滤波后。

4. 空间导数法和锐化处理

锐化处理的主要目的是突出图像中的的细节或者增强被模糊了的细节。锐化处理可以使用空间微分来完成。

希腊的 Tsopelas 教授提出使用一阶空间微分和二阶空间微分的方法对热像图进行处理，即

$$D_1 T(x,y,t) = \sqrt{\left(\frac{\partial T}{\partial x}\right)^2 + \left(\frac{\partial T}{\partial y}\right)^2} \tag{6.11}$$

$$D_2 T(x,y,t) = \sqrt{\left(\frac{\partial^2 T}{\partial^2 x}\right)^2 + \left(\frac{\partial^2 T}{\partial^2 y}\right)^2} \tag{6.12}$$

图 6.19（a）所示为 2.5s 时铝板中某缺陷的温谱图，图 6.19（b）为经过二阶微分处理之后获得的温谱图。比较二者可以发现，经二阶微分处理后，缺陷区域

得到了锐化,可以清晰地看到缺陷的轮廓。

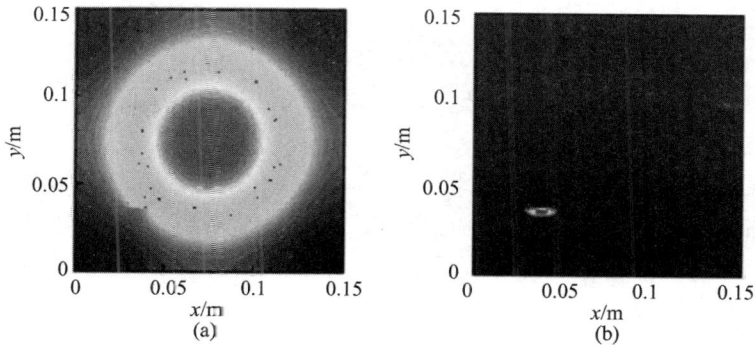

图 6.19　某缺陷经空间导数法处理前后的温谱图

5. 图像分割

图像分割是根据图像的组成结构和应用需求将图像划分成若干个互不相交的子区域的过程,即把图像分解成具有某些特性的若干区域并提取出感兴趣区域目标的过程。这些子区域是某种意义下具有共同属性的像素的连通集合,如不同目标物体所占的图像区域、前景所占的图像区域等。

图像分割一般采用的方法有边缘检测(Edge Detection)、边界跟踪(Edge Tracing)、区域生长(Region Growing)、区域分离和聚合等。图像分割算法一般基于图像灰度值的不连续性或其相似性。不连续性是基于图像灰度的不连续变化分割图像,如针对图像的边缘有边缘检测、边界跟踪等算法。相似性是依据事先制定的准则将图像分割为相似的区域,如阈值分割、区域生长等。

原始热像图经图像分割后,有利于缺陷的识别。图6.20为图6.13中幅值谱图和相位谱图进行基于Canny算子的边缘检测之后获得的结果。可见,经边

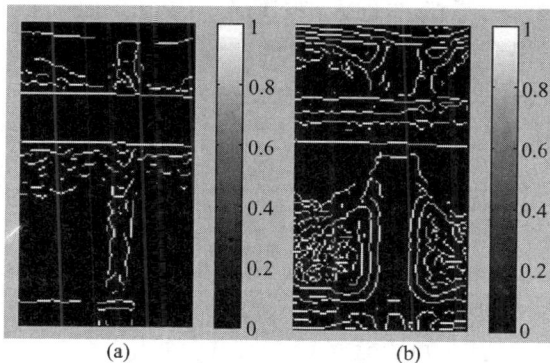

图 6.20　边缘检测之后的幅值谱图和相位谱图

(a)幅值的边缘检测;(b)相位的边缘检测。

89

缘检测之后,缺陷部位可以更加容易地识别。

6.5 像素级图像融合方法

1. 像素级图像融合理论

图像融合的概念起源于 20 世纪 70 年代后期,是多传感器信息融合中的一部分。图像融合就是将同一对象的两幅或更多的图像合成到一幅图像中,使它比原来任何一幅都更容易被人们所理解。通常在观察同一目标或场景时,多传感器在不同时间或同一时间获取的图像信息是有所差异的。即使是采用单一的传感器,在不同观测时间、不同观测角度或不同的环境条件下获得的信息也可能不同。图像融合通过对源图像间的冗余信息和互补信息进行处理,使得到的融合图像可靠性增强,能更客观、精确和全面地对某一场景进行图像描述。例如,对于针对同一目标但聚焦不同的多幅图像,如果一些景物在其中的一幅图像中很清晰,而在别的图像中较为模糊的话,可以采取图像融合的方法获得一幅新的图像,融合后的图像比融合前的任意一幅图像具有更多的信息量[126]。

图像的融合过程可以发生在信息描述的不同层。依据融合在处理流程中所处的阶段,图像融合一般可分为三个层次:像素级融合、特征级融合和决策级融合。

像素级图像融合是将各幅源图像或者源图像的变换图像中的对应像素进行融合,从而获得一幅新的图像。参加融合的源图像可能来自多个不同类型的图像传感器,也可能来自单一图像传感器。单一图像传感器提供的各幅图像可能来源于不同观测时间或空间,也可能来自同一时间但空间光谱特性不同的图像(如多光谱照相机获得的图像)。像素级图像融合是最低层次的图像融合,也是其他高层次图像融合的基础,目前大多数研究集中在该层次上。

以两幅图像的融合来说明图像融合的过程及方法。假设参加融合的两幅源图像分别为 A,B,图像大小为 $M \times N$,融合后得到的图像为 C。

简单的图像融合方法不对参加融合的源图像进行任何变换或者分解,而是直接对其取出的像素进行选择、平均或加权平均等简单处理后融合成一幅新的图像。它的基本原理是在进行融合处理时都不对参与融合的图像进行分析变换,融合处理只是在一个层次上进行,属于较为简单的图像融合方法。简单的图像融合方法具有实现简单、融合速度快等特点。在某些特定的图像融合应用场合,简单的图像融合方法也可以获得较好的融合效果。这些方法主要包括以下几种。

1)像素灰度值取大法

基于像素灰度值取大图像融合方法可表示为

$$C(m,n) = \max(A(m,n), B(m,n)) \tag{6.13}$$

即在融合时,比较源图像 A 和 B 中对应位置 (m,n) 处像素灰度值的大小,以其中灰度值大的像素作为融合后图像 C 在位置 (m,n) 处的像素。

2)像素灰度值取小法

基于像素灰度值取大图像融合方法可表示为

$$C(m,n) = \min(A(m,n), B(m,n)) \tag{6.14}$$

即在融合时,比较源图像 A 和 B 中对应位置 (m,n) 处像素灰度值的大小,以其中灰度值小的像素作为融合后图像 C 在位置 (m,n) 处的像素。

像素灰度值取大法和取小法只是简单地选择参加融合的图像中灰度最大/小的像素作为融合后图像的像素,故适用场合十分有限。

3)加权平均图像融合方法

加权平均方法将源图像对应像素的灰度值进行加权平均,生成新的图像,它是最直接的融合方法。其中平均方法是加权平均的特例,使用平均方法进行图像融合,提高了融合图像的信噪比,但削弱了图像的对比度,尤其是对于只出现在一幅图像上的有用信号。对 A,B 两图像的加权平均图像融合方法可以描述为

$$C(m,n) = \omega_1 A(m,n) + \omega_2 B(m,n) \tag{6.15}$$

式中:ω_1 和 ω_2 为加权系数,可以表示为

$$\omega_1 = \frac{A(m,n)}{A(m,n) + B(m,n)} \tag{6.16}$$

$$\omega_2 = \frac{B(m,n)}{A(m,n) + B(m,n)} = 1 - \omega_1 \tag{6.17}$$

若 $\omega_1 = \omega_2 = 0.5$,则为平均融合。

加权平均融合的方法中,通过融合各源图像提供的冗余信息,可以提高监测的可靠性。加权平均法的优点是简单直观,适合实时处理。但简单的叠加会使图像的信噪比降低;当融合图像的灰度差异很大时,就会出现明显的拼接痕迹,不利于人眼识别和后续的目标识别。

2. 像素级图像融合的应用

把图 6.13(b)和(c)所示的 3.125Hz 时的幅值谱图和相位谱图分别进行像素灰度级取大法、取小法和平均法融合,得到了图 6.21 所示的结果。可以发现:

(1)像素级取大法和平均法获得了较好的融合效果。

(2)融合之后的热像图不仅保留了图 6.21(a)所示的近线圈区域高亮的特征,而且可以显示远离线圈的缺陷区域。

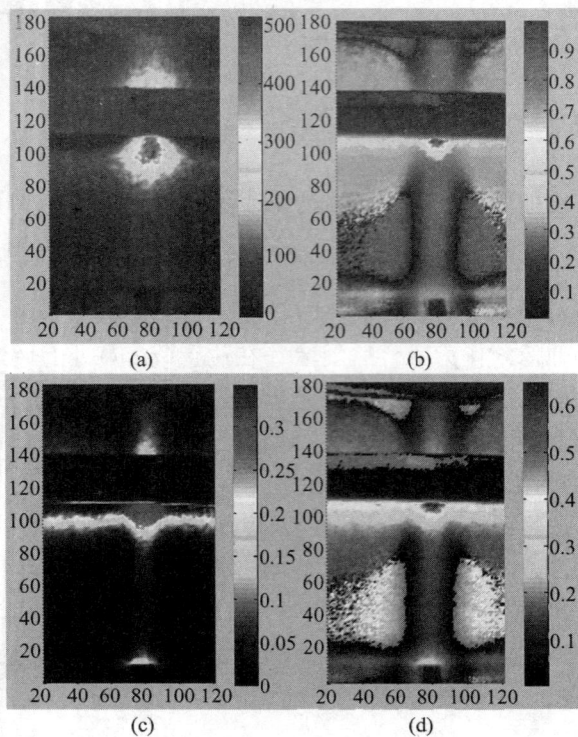

图 6.21 像素级融合的应用

（a）500ms 温谱图；（b）取大法；（c）取小法；（d）算数平均法。

第7章　基于统计分析的信号处理方法

热传递是一个三维过程,涡流热成像检测技术对微缺陷和深层缺陷的检测能力受热传递横向"模糊效应"的影响而降低。如果缺陷的体积/深度比小于2,如深层缺陷或近表面微缺陷,则很难在原始数据中被发现。因为缺陷部位与非缺陷部位的温差在横向热传递"模糊效应"的影响下变的很微弱。本章阐述基于统计分析的图像重构方法,对脉冲涡流热成像的原始三维数据进行处理,对"模糊效应"进行抑制,提高检测微缺陷与深层缺陷的能力[92, 93, 96, 97]。

7.1　横向热传递"模糊效应"的负面影响

热传递是一个三维过程,热量的横向传递会影响内部缺陷的可检测性。内部缺陷的可检测性可以用体积/深度来描述:

$$k = l/d \tag{7.1}$$

式中:l 为缺陷张开的横向宽度;d 为缺陷与表面的距离。通常认为,体积/深度比大于2的缺陷可以在热成像原始数据中直接观察出来。但是,一些深层缺陷(d 很大)或近表面微缺陷(l 很小),具有较小的 k 值,很难在原始数据中被发现。这是因为深层缺陷或表面微缺陷的信息很容易被背景噪声所淹没,即缺陷部位与非缺陷部位的温差由于横向热传递的"模糊效应"而变得很微弱。

图7.1所示为一块涂有保护层的钢板在200ms时的热像图。涂层上出现了一个小洞,直径大约为400μm,导致该区域产生了轻微腐蚀。腐蚀会造成温度

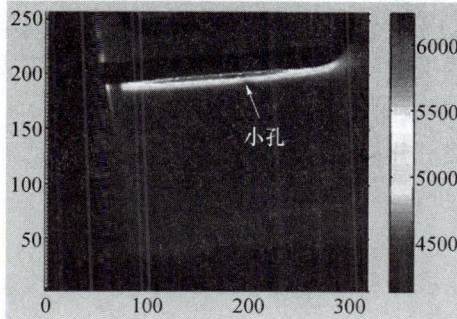

图7.1　某带有涂层钢板在200ms时的热像图

的变化,在箭头所指的部位应该会有一个异常的温度分布。但是,很难从热像图上发现这个异常变化。

图7.2所示为某6mm深的下表面缺陷在300ms和500ms时的热像图。缺陷横向宽度 l 为6mm,剩余厚度 d 为4mm,即缺陷的体积/深度比 k 为1.5,小于2。图7.2(b)中椭圆形标注的是缺陷区域,根据原始的热像图,很难判断此处是否存在缺陷。

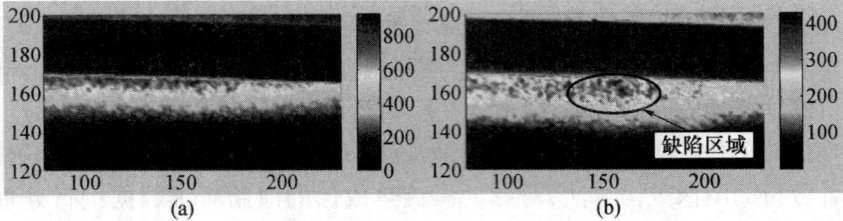

图7.2 体积/深度比为1.5的下表面缺陷的热像图
(a)6mm缺陷300ms;(b)6mm缺陷500ms。

因此,需要研究图像重构与增强算法来提高信噪比,提高检测深层缺陷与微缺陷的能力[92, 93, 96, 97]。主成分分析(Principal Components Analysis,PCA)、独立成分分析(Independent Components Analysis,ICA)等统计方法可以用来重构图像,提高检测灵敏度,增强检测深层缺陷和近表面微缺陷的能力。

7.2 基于统计分析的图像重构方法

图7.3为基于统计分析(主成分分析和独立成分分析)的图像重构方法的框图。该方法主要包含以下步骤:

步骤一:采用热像仪获得原始的图像序列,该图像序列是三维数组。对原始数据进行一些预处理,如差分处理、归一化处理等。

步骤二:转换三维数组 $X(m,n,p)$ 为二维数组 $Y(m \times n,p)$ 。这个二维数组的每一个行向量代表了每一个像素点的温度瞬态响应(温度 – 时间变化曲线)。

步骤三:对二维数组进行优化选择。可根据算法时间选择较小的范围,也可以选择早期的数据抑制横向热传递。

步骤四:采用主成分分析和独立成分分析处理这个二维数组,得到相应的主成分和独立成分。该步骤可以看做是利用主成分分析和独立成分分析进行特征值提取。

步骤五:每一个主成分和独立成分是一维向量。再次通过数据转换,把一维向量转化为二维数组。

步骤六:选择合适的主成分和独立成分形成新的二维图像。利用该图像可

94

进行缺陷的识别与评估。

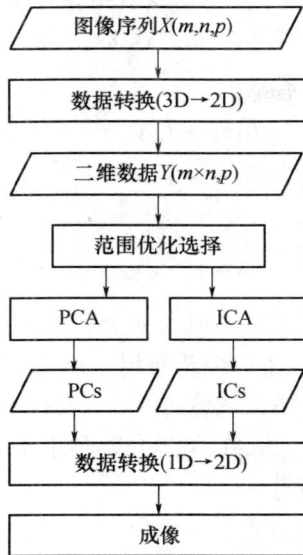

图 7.3　基于统计分析的图像重构算法

可见,步骤四中的采用统计分析进行特征提取是该方法的关键,以下分别介绍基于主成分分析和独立成分分析的特征提取方法。

1. 基于主成分分析的特征提取方法

1901 年,Pearson 提出了主成分分析方法。Hotelling 于 1933 年对此方法进行改进,成为目前各种三成分分析法的基础。主成分分析(Principal Component Analysis,PCA)是一种掌握事物主要矛盾的统计分析方法,它通过一个线性变换将原始数据变换到正交的子空间中,可以从多元事物中解析出主要影响因素,揭示事物的本质,简化复杂的问题。通过主成分分析,压缩数据空间,将多元数据的特征在较低维空间里直观地表示出来。因此,主成分分析方法在机械系统故障诊断[127]、电子系统故障诊断、指纹掌纹识别、人脸识别[128]等领域得到了非常广泛的应用。

计算主成分的目的是将高维数据影射到较低维空间,然后提取出最相关的信息,达到分类识别的目的。给定 p 个变量的 n 个观察值,形成一个 $n \times p$ 的数据矩阵 X。

$$X = \begin{bmatrix} x_{11} & x_{12} & \cdots & x_{1p} \\ x_{21} & x_{22} & \cdots & x_{2p} \\ \vdots & \vdots & & \vdots \\ x_{n1} & x_{n2} & \cdots & x_{np} \end{bmatrix} \qquad (7.2)$$

主成分分析的目标是寻找 $m(m < p)$ 个新变量,使它们反映被测对象的主要特征,压缩原有数据矩阵的规模。每个新变量是原有变量的线性组合,体现原有变量的综合效果,具有一定的实际含义。这 m 个新变量即称为"主成分",记为 $z_i(i = 1, 2, \cdots, m)$,表示为

$$\begin{cases} z_1 = l_{11}x_1 + l_{12}x_2 + \cdots + l_{1p}x_p \\ z_2 = l_{21}x_1 + l_{22}x_2 + \cdots + l_{2p}x_p \\ \qquad\qquad\qquad\vdots \\ z_m = l_{m1}x_1 + l_{m2}x_2 + \cdots + l_{mp}x_p \end{cases} \qquad (7.3)$$

主成分可以在很大程度上反映原来 p 个变量的影响,并且这些新变量是互不相关的,也是正交的。从以上的分析可以看出,主成分分析的实质就是确定原变量 $x_j(j = 1, 2, \cdots, p)$ 在诸主成分 $z_i(i = 1, 2, \cdots, m)$ 上的载荷 $l_{ij}(i = 1, 2, \cdots, m; j = 1, 2, \cdots, p)$ 。从数学上可以证明,它们分别是相关矩阵 m 个较大的特征值所对应的特征向量。

主成分分析的计算步骤如下。

1)原始数据的标准化

由于原始数据中各特征量的量纲不同,或者指标值在数量级上差异很大而难以进行线性组合,因此需要对原始数据作标准化处理。原始数据的标准化计算式如下:

$$x_{ij} = \frac{x_{ij} - \bar{x}_j}{\sqrt{\mathrm{var}(x_j)}} \qquad (i = 1, 2, \cdots, n; j = 1, 2, \cdots, p) \qquad (7.4)$$

式中: $\bar{x}_j = \dfrac{1}{n}\sum_{i=1}^{n} x_{ij}$; $\mathrm{var}(x_j) = \dfrac{1}{n-1}\sum_{i=1}^{n}(x_{ij} - \bar{x}_j)^2$ 。

2)计算相关系数矩阵

对标准化后的原始数据,计算其相关系数矩阵如下:

$$\boldsymbol{R} = \begin{bmatrix} r_{11} & r_{12} & \cdots & r_{1p} \\ r_{21} & r_{22} & \cdots & r_{2p} \\ \vdots & \vdots & & \vdots \\ r_{p1} & r_{p2} & \cdots & r_{pp} \end{bmatrix} \qquad (7.5)$$

式中: $r_{ij}(i, j = 1, 2, \cdots, p)$ 为原变量 x_i 与 x_j 的相关系数, $r_{ij} = r_{ji}$,其计算公式为

$$r_{ij} = \frac{\displaystyle\sum_{k=1}^{n}(x_{ki} - \bar{x}_i)(x_{kj} - \bar{x}_j)}{\sqrt{\displaystyle\sum_{k=1}^{n}(x_{ki} - \bar{x}_i)^2 \sum_{k=1}^{n}(x_{kj} - \bar{x}_j)^2}} \qquad (7.6)$$

3）计算特征值与特征向量

求解特征方程$|\lambda \boldsymbol{I} - \boldsymbol{R}| = 0$，常用雅可比法（Jacobi）求出特征值，并使其按大小顺序排列，即$\lambda_1 > \lambda_2 > \cdots > \lambda_p$。同时，分别求出对应于特征值$\lambda_i$的特征向量$\boldsymbol{e}_i (i = 1, 2, \cdots, p)$，要求$\|\boldsymbol{e}_i\| = 1$，即

$$\sum_{j=1}^{p} e_{ij}^2 = 1 \qquad (7.7)$$

4）计算主成分贡献率及累计贡献率

贡献率表示所定义的主成分在整个数据分析中承担的主要意义占多大的比例。定义第i个主成分的贡献率为

$$\frac{\lambda_i}{\sum_{k=1}^{p} \lambda_k} \qquad (i = 1, 2, \cdots, p) \qquad (7.8)$$

当取前几个主成分来代替原来全部变量时，累计贡献率的大小反应了这种取代的可靠性，累计贡献率越大，可靠性越高；反之，则可靠性越低。

定义前m个主成分的累计贡献率为

$$\eta_m = \frac{\sum_{k=1}^{i} \lambda_k}{\sum_{k=1}^{p} \lambda_k} \qquad (i = 1, 2, \cdots, p) \qquad (7.9)$$

确定主成分的个数是一个关键问题。如果主成分个数少，则数据的维数低，便于分析，同时也降低了噪声，但可能丢失一些有用的信息。主成分个数根据每个主成分对信息的贡献确定。一般取贡献率较大的特征值作为主成分，直至累计贡献率达85%以上。

5）计算主成分载荷和得分

主成分载荷为

$$l_{ij} = p(z_i, x_j) = \sqrt{\lambda_i} e_{ij}, \quad (i, j = 1, 2, \cdots, p) \qquad (7.10)$$

根据式（7.3），计算各主成分的得分为

$$\boldsymbol{Z} = \begin{bmatrix} z_{11} & z_{12} & \cdots & z_{1m} \\ z_{21} & z_{22} & \cdots & z_{2m} \\ \vdots & \vdots & & \vdots \\ z_{n1} & z_{n2} & & z_{nm} \end{bmatrix} \qquad (7.11)$$

使用缺陷的时域响应或频域响应构成主成分分析的数据矩阵X。然后，对数据矩阵进行以上处理，就可以获得新的主成分。有关主成分分析算法在脉冲

涡流无损检测中的应用可参阅相关文献[129,130]。

2. 基于独立成分分析的特征提取方法

独立分量分析理论最早在 20 世纪 90 年代初期,由法国学者 C. Jutten 和 J. Herault等人首次提出,并在 90 年代中期以后,开始逐渐受到国际信号处理界的广泛关注。其基本原理是在统计独立性的假设下,对观测到的多路混合信号进行处理,从而较好地分离出隐含在混合信号中的独立源信号[131,132]。

设 $X = [x_1, x_2, \cdots, x_n]^T$ 为 m 维零均值随机观测信号向量,它由 n 个未知的零均值独立源信号 $s = [s_1, s_2, \cdots, s_m]^T$ 线性混合而成,则这种线性混合模型可以表示为

$$X = Hs = \sum_{i=1}^{n} h_j s_j \qquad (j = 1, 2, \cdots, n) \qquad (7.12)$$

式中:$H = [h_1, h_2, \cdots, h_n]$ 为 $m \times n$ 阶满秩源信号混合矩阵;h_j 为混合矩阵的 n 维列向量;s_j 为一维零均值独立源信号。式(7.12)可以写成矩阵形式,即

$$\begin{bmatrix} x_1(t) \\ x_2(t) \\ \vdots \\ x_m(t) \end{bmatrix} = \begin{bmatrix} h_{11} & \cdots & h_{1n} \\ h_{21} & \cdots & h_{2n} \\ \vdots & \vdots & \vdots \\ h_{m1} & \cdots & h_{mn} \end{bmatrix} \begin{bmatrix} s_1(t) \\ s_2(t) \\ \vdots \\ s_n(t) \end{bmatrix} \qquad (7.13)$$

式中:混合信号 $x_i(t)(i = 1, 2, \cdots, m)$ 为随机信号,其每个观测值 $x_i(t)$ 是在 t 时刻对随机信号 x_i 的一次抽样。由式(7.13)可以看出,t 时刻的各个观测数据 $x_i(t)$ 是由 t 时刻各独立源信号 $s_j(t)$ 的值经过不同 h_{ij} 线性加权得到的。

式(7.13)即为 ICA 的信号混合模型,由于独立分量 s_j 不能直接观测到,具有隐藏特性,因此也常被称为"隐藏变量"。由于混合矩阵 H 也是未知矩阵,ICA 唯一可利用的信息只有观测到的传感器信号向量 x。若无其他可利用信息,仅仅由 x 估计出 s 和 H,则 ICA 问题必为多解。为了使 ICA 问题有确定的解,就必须有一些符合工程应用的假设和约束条件,或称为先验知识。求解 ICA 问题的基本假设条件如下:

(1)各个源信号 $s_j(j = 1, 2, \cdots, n)$ 都是零均值的实随机信号,且在任意时刻均相互统计独立。若 s_j 的概率密度函数为 $p_j(s_j)$,则源联合概率密度函数为 $p_s(s) = \prod_{j=1}^{n} p_j(s_j)$;

(2)源信号数目 n 与观测信号 m 数目相等,混合矩阵 H 是一个实际可实现的 $n \times n$ 的未知方阵,H 满秩且其逆矩阵 H^{-1} 存在;

(3)$x_1, x_2, \cdots, x_n$ 中最多只有一个源信号的概率密度函数是高斯函数。

在满足上述假设的条件下,ICA 的任务就是在混合矩阵 H 和源信号 s 未知的情况下,仅利用传感器检测到的信号 x,尽可能真实地分离出源信号 s。其基

本思路是构建一个分离矩阵 $W = (w_{ij})_{n \times n}$ 使得 x 经过分离矩阵 W 变换后,得到 n 维输出列向量 $y = [y_1, y_2, \cdots, y_n]^T$。因此,ICA 问题的分离模型就可以表示为

$$y(t) = Wx(t) = WHs(t) = Gs(t) \tag{7.14}$$

式中:G 为全局传输矩阵。若通过学习使得 $G = I$(I 为 $n \times n$ 阶单位矩阵),则 $y(t) = s(t)$,从而达到了分离源信号的目的。

使用缺陷的时域响应或频域响应构成独立成分分析的数据矩阵 X。然后,对数据矩阵进行以上处理,就可以获得新的独立成分 s。有关独立成分算法的详细说明可参阅相关文献[133, 134]。

7.3　基于图像重构方法的微缺陷和深层缺陷的检测

1. 表面微缺陷

为了测试和验证基于统计分析的图像重构方法对表面微缺陷检测的有效性,对图 7.1 所示的被检测试件的原始图像进行处理。图 7.4 所示为经过主成分分析算法重构得到的新图像。在图 7.4(a)所示的第一主成分图像中,只有激励线圈和试件的边缘可以被很明显地发现,这说明试件边缘的信息占据主导地位;在图 7.4(b)所示的第三主成分图像中,可以观察到小孔所导致的一个亮点。

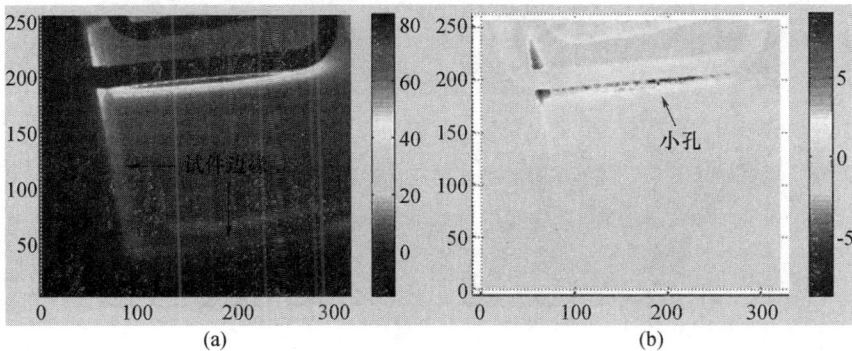

图 7.4　主成分重构结果

图 7.5 所示为经过独立成分分析算法重构出的新图像。小孔导致的温度异常点可以在图 7.5(a)所示的第五独立成分和图 7.5(b)所示的第十一独立成分中发现。

2. 深层缺陷

为了测试和验证基于统计分析的图像重构方法对深层缺陷检测的有效性,对图 7.2 所示的被检测试件的原始图像(100 帧)进行处理。图 7.6 所示为经过主成分分析和独立成分分析算法重构得到的新图像。在图 7.6(a)所示的第一

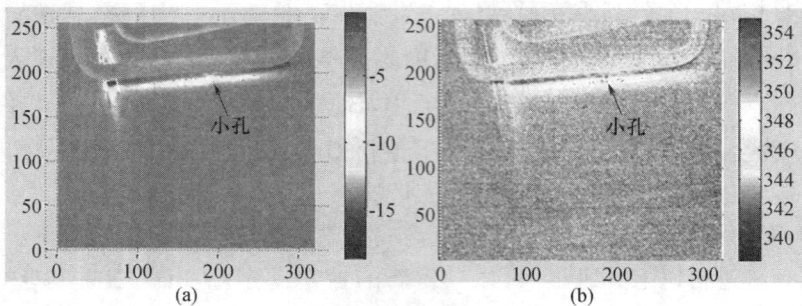

图 7.5　独立成分重构结果

主成分图像中,只有激励线圈可以被很明显地发现;在图 7.6(b)所示的第二主成分图像中,可以观察到下表面缺陷所导致的"亮斑"。在图 7.6(c)所示的第七独立成分图像中,缺陷区域与周边区域的温度有差异,但是不明显。在图 7.6(d)所示的第九独立成分图像中,缺陷导致的"亮斑"最明显,据此可以很可靠地判断出缺陷。该实验结果说明采用基于统计分析的图像重构方法可提高深层缺陷的检测能力。

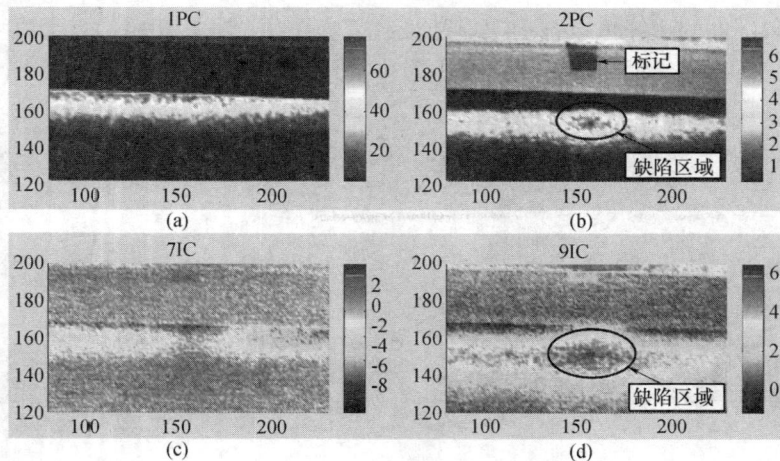

图 7.6　体积/深度比为 1.5 的缺陷重构结果

由此可见,基于统计分析的图像重构方法可有效提高表面微缺陷和深层缺陷的检测能力。

7.4　图像重构方法的优化与改进

在实际检测中,可以对基于统计分析的图像重构方法进行优化与改进。优化的原则和目的主要有：

（1）选择较小范围的数据，以减少数据量，减少计算时间。

（2）根据缺陷的性质选择合适的数据范围。例如复合材料内部的分层缺陷主要影响冷却阶段的温度变化，据此可以选择冷却阶段的数据进行处理。

（3）选择早期的数据来抑制热传递的横向"模糊效应"。

以下通过碳纤维复合材料分层缺陷的检测实例来说明图像重构方法优化的必要性。图 7.7(a)为碳纤维复合材料中某分层缺陷在冷却阶段 500ms 时的热像图，分层缺陷区域显示了较低的温度。图 7.7(b)为图 7.7(a)中某几个点的瞬态温度曲线。A 点位于无缺陷区域的基体上，B 点位于无缺陷区域的碳纤维上，C 点位于缺陷区域的基体上，D 点位于缺陷区域的碳纤维上。在加热阶段，基体上的两个点（A 和 C）的曲线较为一致，而碳纤维上的两个点（B 和 D）的曲线较为一致。这体现了在加热阶段主要显示碳纤维结构与基体的差异，而无法分辨分层缺陷；在冷却阶段，无缺陷区域（A 和 B）的曲线较为一致，而缺陷区域（C 和 D）的曲线较为一致，因此在冷却阶段可以分辨出缺陷区域。在进行基于统计分析的图像重构时，采用冷却阶段的数据作为输入和采用全部数据作为输入会取得不同的效果。图 7.7(c)和(d)分别为采用全部数据和冷却阶段数据进行主成分分析的结果。可见，采用冷却阶段数据进行重构的结果要明显优于

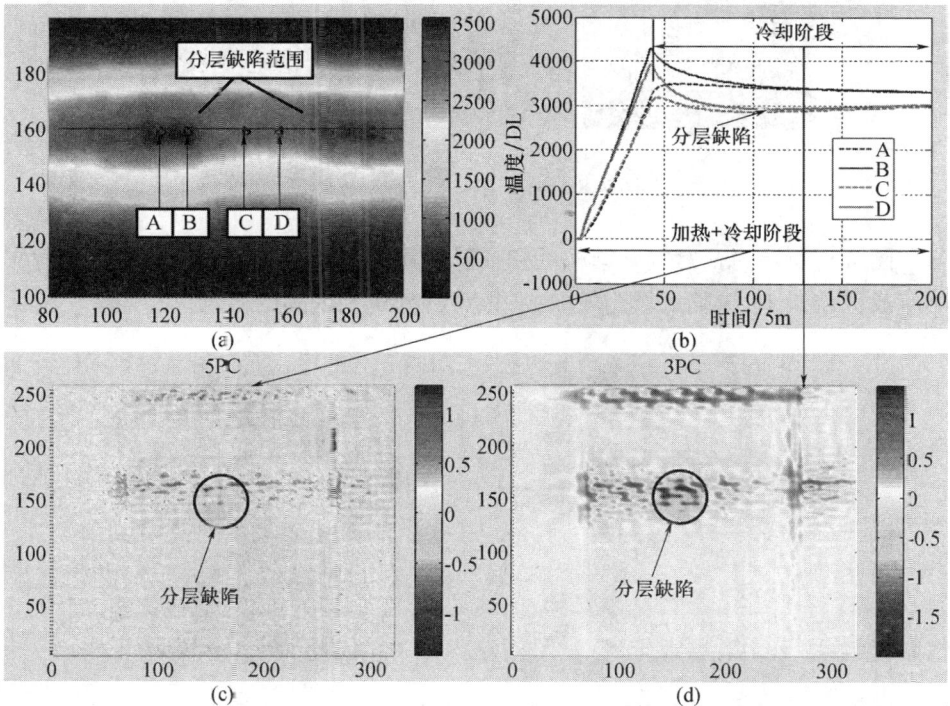

图 7.7　数据范围优化的图像重构方法的效果对比

采用全部数据重构的结果。

7.5　图像重构方法在其他无损检测技术中的应用

脉冲光学热成像技术、扫描(阵列)脉冲涡流检测技术和扫描(阵列)超声/声发射技术等都可以获得一系列图像(三维数组)。因此,本章介绍的基于统计分析的图像重构方法既适用于涡流脉冲热成像检测技术,又适用于其他可获得时序序列的无损检测技术[135]。以下通过一个扫描脉冲涡流检测技术的实例来说明该方法的适用性。

图 7.8 所示为一个蜂窝结构复合材料试件,尺寸为 300mm×200mm,由内部金属蜂窝结构和铝合金蒙皮组成。在试件内部插入另一个呈方形的蜂窝结构,然后在蒙皮和插入的蜂窝结构之间插入两个非导电薄片,以模拟分层和脱胶缺陷。

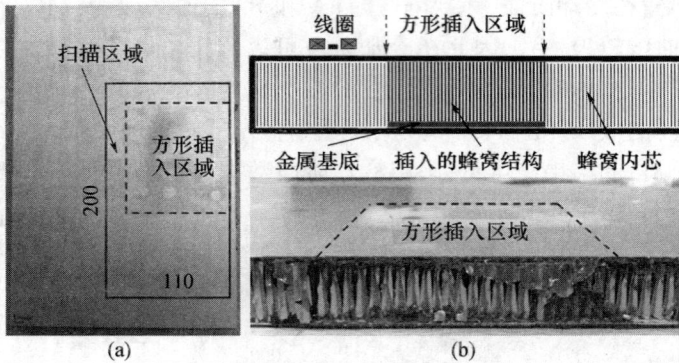

图 7.8　蜂窝结构复合材料试件

图 7.9 所示为蜂窝复合结构的扫描脉冲涡流检测结果。在不同时刻的时域响应成像结果中,缺陷区域比较模糊,很难准确识别缺陷的位置。

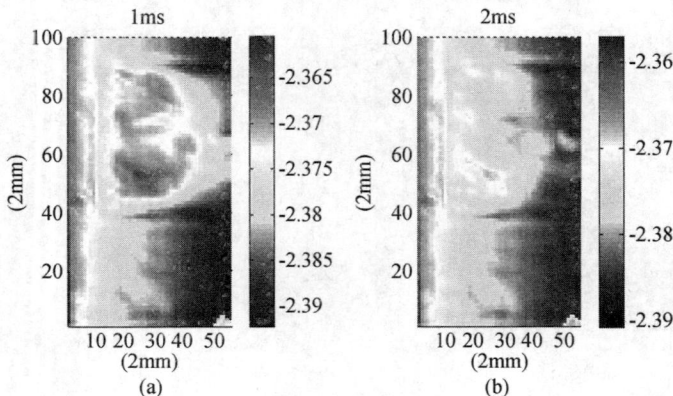

图 7.9　扫描式检测结果

102

图 7.10 为采用基于主成分分析的图像重构方法得到的结果。在第二主成分构成的图像中,缺陷的显示度最高。在第三主成分构成的图像中,插入区域的边缘最清晰。

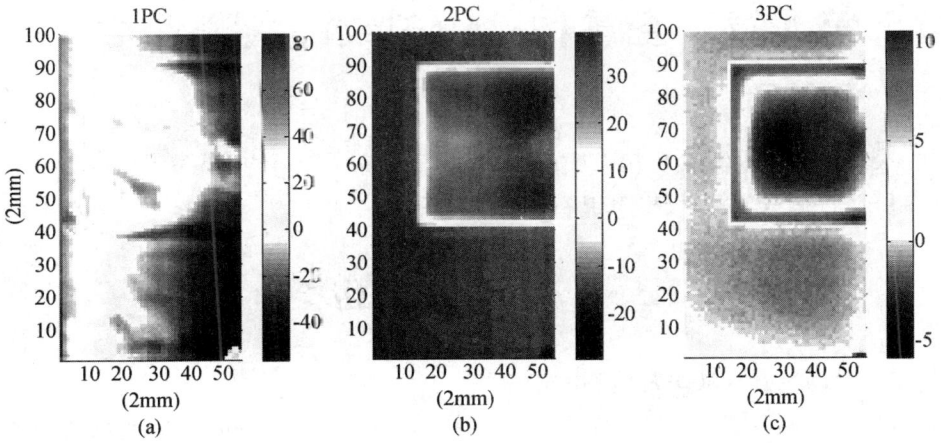

图 7.10 主成分重构的蜂窝结构成像结果

第8章 金属构件中裂纹的检测评估

裂纹是金属及其合金构件中最常见的缺陷之一。本章介绍涡流热成像技术在金属构件裂纹检测评估中的应用。

8.1 发动机叶片损伤检测

1. 发动机叶片缺陷及检测方法分析

叶片是航空发动机中重要零件之一,图8.1给出了几种叶片的实物图。叶片一般采用合金材料加工,如铝合金、钛合金、镍合金等。由于功能的关系,叶片所处的工作环境是十分恶劣的,承受较高的离心载荷、气动载荷、高温和大气温差载荷以及振动的交变载荷,使叶片容易产生缺陷。压气机叶片还受发动机进气道外来物的冲击,受风沙、潮湿的侵蚀,涡轮叶片受燃气的腐蚀和高温热应力等。

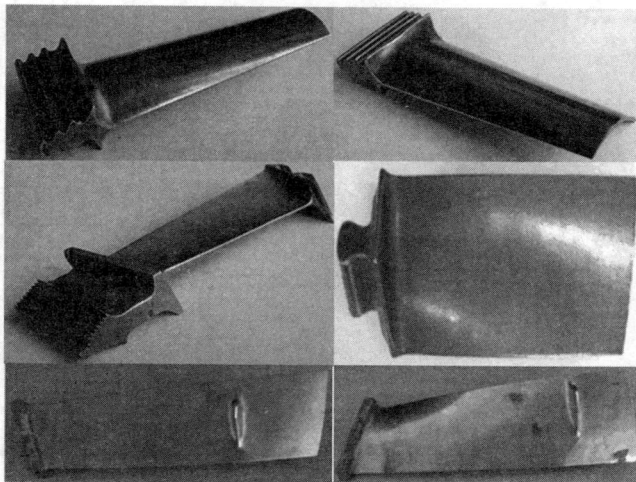

图8.1 种航空发动机叶片实物

航空发动机叶片常见的几种缺陷:裂纹、边缘刻口、凹坑和掉块,分别如图8.2所示。裂纹通常表现为一条锯齿状的黑线,容易造成叶片突然断裂,其长度和深度是损伤评估的关键数据。叶片边缘刻口通常呈V形,刻口长度和深度是损伤评估的关键数据。叶片凹坑是指材料发生坑状形变,但没有发生移动,凹坑深度和最大外径是损伤评估的关键数据。叶片掉块的面积是损伤评估的关键数据。

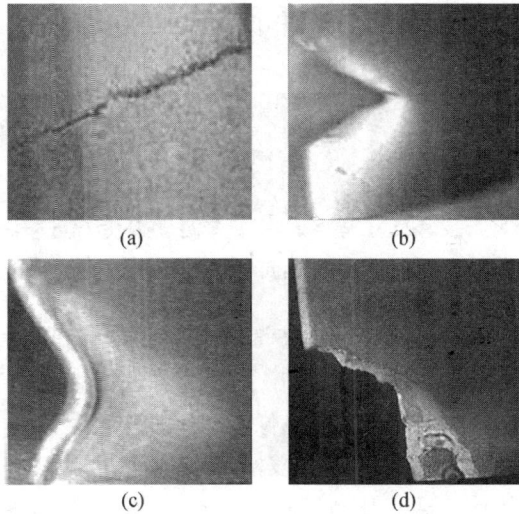

图 8.2　叶片典型的缺陷

由于航空发动机结构的特殊性,目前发动机叶片现场原位检测中主要是采用内窥检测方式。但是内窥检测在叶片裂纹缺陷的判别上存在较大的困难。为了提高航空发动机叶片的疲劳寿命,目前都对叶片进行了喷丸或渗层处理,叶片基体表面变成了次表面。由大量试验和失效分析得出,喷丸或渗层处理的叶片裂纹恰恰是在次表面萌生,当叶片基体出现裂纹时,表面反映不明显,这造成了内窥检测判断困难。涡流检测对于金属试件的近表面也有很好的检测能力,但是涡流探头与叶片的接触位置及耦合状态在无法看到的情况下很难操作,从而容易漏检和误判,而且涡流检测对于叶片除裂纹外的其他几种缺陷的检测不易实现。田武刚博士提出采用内窥涡流集成化检测,使内窥检测和涡流检测优势互补,实现对航空发动机叶片缺陷的原位检测[136]。本节介绍涡流脉冲热成像检测技术在发动机叶片检测中的应用。

2. 涡流脉冲热成像对发动机叶片的损伤检测

图 8.3 所示为经磁粉检测后的某发动机叶片照片。在叶片根部的圆圈标注区有一处弯折的裂纹,由于裂纹中存在磁粉,裂纹区域的颜色比较高亮。采用涡流脉冲热成像检测技术对该叶片进行检测,加热时间为

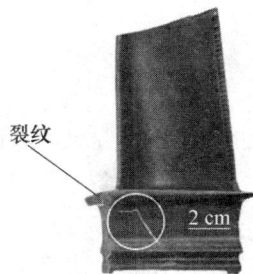

图 8.3　带有裂纹的发动机叶片试件

105

100ms,记录时间为600ms。图8.4所示为0ms、20ms、99ms、260ms、597ms时采集到的原始热像图。在20~260ms的热像图上,都可以观察出裂纹。597ms时,由于热传递的"模糊效应",裂纹变得模糊,很难被观察出来。同时,也应当注意到,由于表面发射率不同或其他因素,热像图上也出现了一些温度异常区域,它们的存在会给裂纹的识别带来干扰。

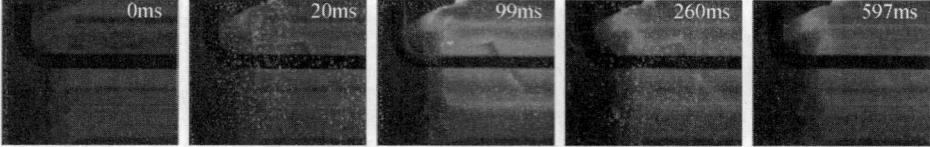

图8.4 叶片在不同时刻的原始热像图

一种有效消除干扰的方法就是第6章介绍的绝对温度升高法。该方法的基本思想是,把每个像素在 t 时刻的温度减去0时刻的温度,就可以得到该像素在 t 时刻的绝对温度升高值。对于二维热像图,就是把0时刻的热像图作为背景信号。使用不同时刻的热像图分别减去被检信号,就可以得到新的热像图。图8.5所示为不同时刻由绝对温度升高值构成的热像图。可见,采用该方法可以有效消除部分干扰,有助于裂纹的识别。

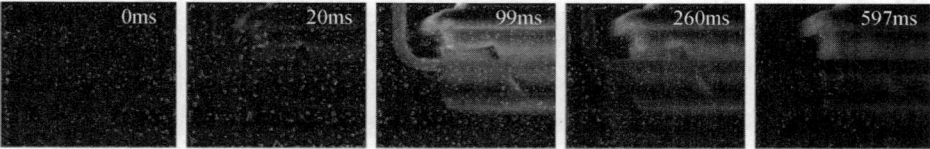

图8.5 不同时刻绝对温度升高值构成的热像图

图8.6 叶片的相位检测结果

第二种有效的方法就是傅里叶变换法。由该方法得到的相位图可以有效消除加热不均匀等现象。图8.6为相位检测结果,从中可以清晰地发现裂纹的存在。

第三种有效的方法是标准试件比对法。采用一个无缺陷的叶片作为标准试件,分别在相同的条件下检测标准试件和待检试件。然后把二者的结果做减法处理。图8.7(a)和(b)所示分别为待检试件和标准试件的原始热像图。二者做减法处理后得到了图8.7(c)所示的热像图，从中可以清晰地发现裂纹的存在。

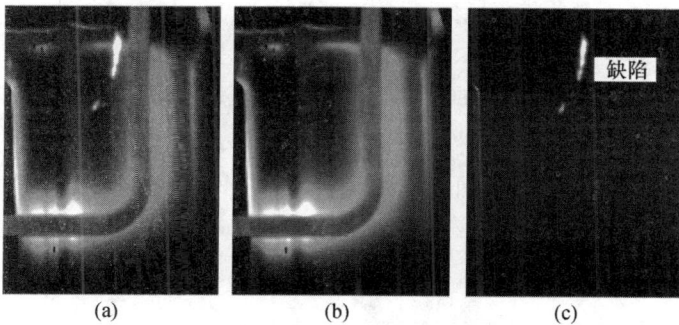

图8.7　待检试件、标准试件及相减之后得到热像图

8.2　杆索钢构件表面裂纹的检测评估

杆索钢构件具有承力大、质量小、柔性好、尺寸紧凑、使用方便等优点，是大型结构的主要承力和传力构件，目前已广泛应用于悬索桥的主缆、吊索，斜拉桥的斜拉索，体育馆、歌剧院、机场的悬索和吊杆，以及旅游景点的拉索等，如图8.8所示。

图3.8　杆索钢构件的广泛应用

杆索钢构件是大型结构中最重要且最薄弱的环节，其健康状况直接关系到整个结构的安危，一旦受损，将导致整个大型建筑和结构产生灾难性后果。近20年来，国内外因为杆索钢构件断裂而发生了许多事故。因此，非常有必要对杆索钢构件进行实时在役监测与无损检测，为结构提供及时维护，延长其使用寿

命,保证营运安全,避免事故发生。

另外,在杆索钢构件的轧碾和拉伸等制造过程中,表面微缺陷经常出现。它们通常是纵向的,经常扩展或互相耦合至几厘米长,给杆索钢构件带来危害。如果缺陷深0.1mm,这些缺陷必须被检测出来。本节介绍涡流脉冲热成像对杆索钢构件表面裂纹的检测。

图8.9为杆索钢构件的涡流热成像检测实验装置。针对杆索钢构件设计了圆柱形激励线圈,把杆索钢构件垂直插入激励线圈。热像仪可以从激励线圈的间隔中记录杆索钢构件的表面温度变化情况。热像仪被外部信号触发,在加热结束后开始记录数据。直径分别为4.5mm与9mm的两根杆索钢构件被检测,两个试件均含有纵向的表面裂纹,深度为0.1 ~ 0.15mm,长度大约为几厘米[70]。

图8.9 杆索钢构件的涡流热成像检测实验装置

钢具有较高的热导率,缺陷造成的温度差异会很快消失。因此,加热时间的选取比较短为好。实验中,激励电流频率为200kHz,功率为1kW,加热时间为0.1s。图8.10(a)和(c)分别为4.5mm与9mm直径的杆索钢构件的原始热成像图。图8.10(a)所示的4.5mm直径的杆索钢构件表面温度大约升高5℃。相对无缺陷区域,裂纹区域有0.7 ~ 1℃的升高。图8.10(c)所示的9mm直径的杆索钢构件表面温度大约升高2.4℃。相对无缺陷区域,裂纹区域有0.4℃左右的升高。图8.10(b)和(d)分别为经过基于梯度的算法处理后的结果。可见,采用基于梯度的边缘检测算法对图像进行处理后,不仅可以更准确地判断裂纹位置,还可以更清楚地发现杆索钢构件表面的其他状况。

8.3 铁轨疲劳裂纹的检测评估

随着我国铁路提速战略的实施,对列车的安全、舒适性提出了更高的要求。运行速度的提高和重载列车的开行,对轨道的破坏作用加大,不可避免地导致轨道状态的恶化加剧。因此,加强轨道动态检测力度,及时掌握轨道质量状态,指导线路养护维修,确保铁路运输安全,已成为铁路部门的一项基础工作。

108

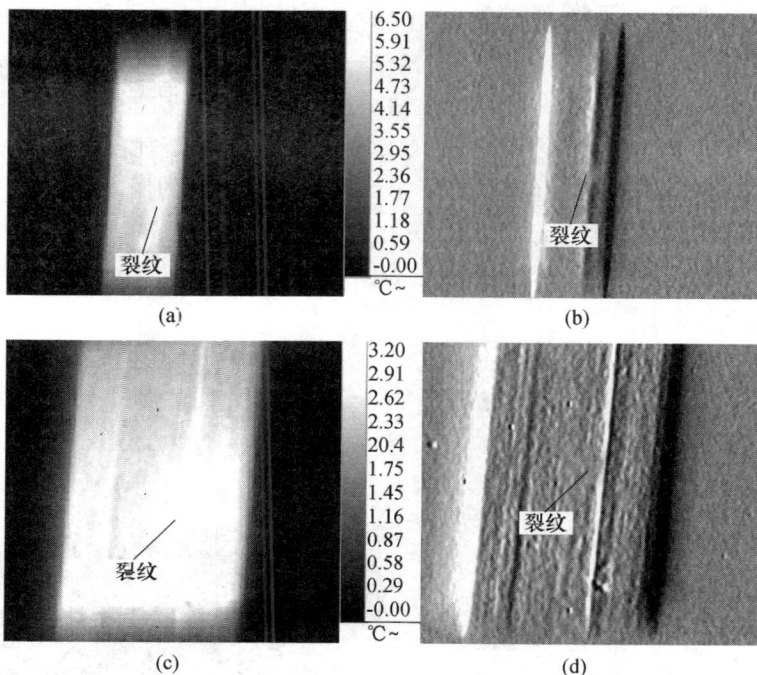

图 8.10　杆索钢构件的检测结果

　　铁路轨道表面擦伤、剥离和皱褶等缺陷对车轮和对轴承等造成了很大损害。车轮在表面有缺陷的轨道上运动时,周期性冲击引起整个车辆、轨道系统的耦合振动,不仅会缩短火车各部件的使用寿命,而且是造成车辆颠覆、燃轴、切轴的重要原因。对铁路轨道进行缺陷检测是保证铁路运输安全的重要手段。在我国,长期以来轨道缺陷的检测一直依赖人工巡检,效率低下,而且检测结果受巡检人员的经验、责任心、天气情况等因素的影响。同时,巡检人员的人身安全也是需要关注的问题。随着对高速铁路交通需求的增长,需要研制自动铁轨缺陷检测系统来替代人工。

　　对铁轨缺陷的检测,目前主要采用目视法、磁粉法和涡流法,这些方法都有局限性。目视法费时费力、劳动强度大、效率低、测量结果受主观因素影响较大;磁粉法操作成本高,不能对缺陷准确分类,检测速度低;涡流法需要设计专门的传感器,以适应铁轨的曲面结构。本节将介绍涡流脉冲热成像检测技术在铁轨缺陷检测中的应用。

1. 铁轨缺陷分析

　　轨道表面缺陷从大的方面可分为结构性缺陷和功能性缺陷两大类。结构性缺陷是由于各结构层的承载能力不能抵抗现有行车载荷的反复作用,而产生结构整体性破坏,其结果就是表面各种形状的擦伤和裂纹。功能性破坏是由于表

109

面提供给道路用户的服务能力下降引起的,反映在轨道表面上则是平整度降低和车辙加深。

疲劳裂纹是最主要的一种结构性缺陷。它的成因是多方面的,主要成因有轨道梁体在制作过程中混合不均匀,导致轨道内部硬度(密度)不同,在行驶过程中容易形成纵向裂纹。还有就是不定期受到来自车辆的压力,将会使轮迹处产生疲劳裂纹。图 8.11(a)显示了铁轨典型的疲劳裂纹。如果不及时采取措施,疲劳裂纹将会发展为损耗性缺陷,如图 8.11(b)所示。因此,对早期的疲劳裂纹检测至关重要。

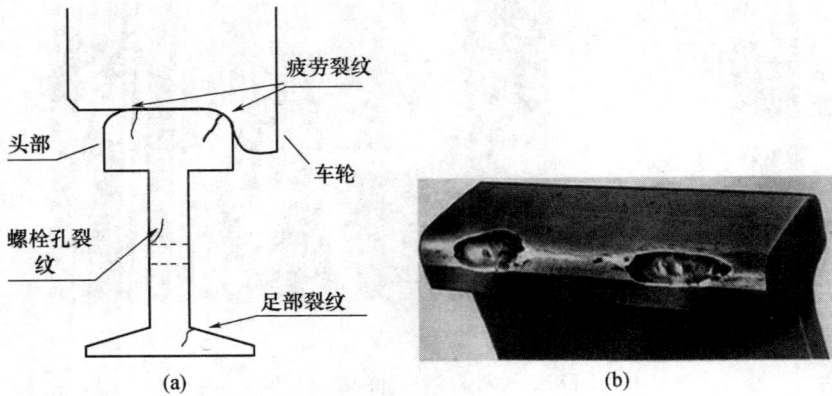

图 8.11　铁轨典型疲劳损伤

2. 实验结果及分析

图 8.12 为铁轨检测示意图。选择一段含有疲劳裂纹的铁轨用作实验对象。采用矩形的平面激励线圈,将其最外侧一边平行地放置于铁轨边缘上方。实验中,加热时间为 100ms[137]。

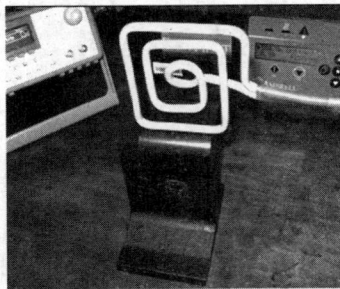

图 8.12　实验装置及 100ms 时的热像图

图 8.13 所示为不同时间的热像图。图 8.13(a)为加热早期(Early Heating—18ms)时的热像图,一些表面裂纹和深层裂纹都可以被发现。图 8.13(b)为加热晚期(Late Heating—100ms)时的热像图,较浅和较深的裂纹仍能被发现,

110

但是更深的缺陷显示了更高的温度。图8.13(c)为冷却时期(Cooling—157ms)的热像图,较浅的裂纹消失,只有较深的裂纹能够被发现。

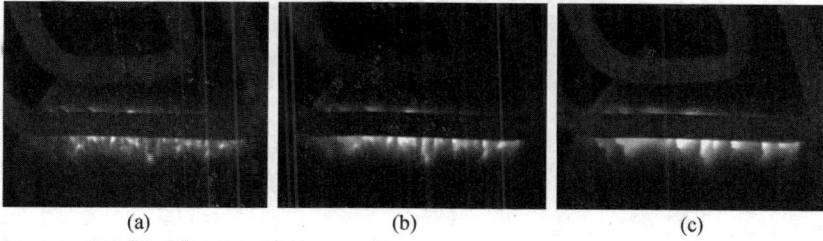

图8.13　不同时刻的热像图

为了更好地说明这个现象,图8.14(b)显示了图8.14(a)中直线在不同时刻的温度轮廓曲线。该直线平行于线圈,长度大约为100mm。可以定性地发现,随着时间的延迟,浅层裂纹的温度变化逐渐减小,而较深裂纹温度的变化逐渐增大。为了更好地观察这个现象,图8.15显示了该直线局部区域(58～75mm)在不同时刻的温度轮廓曲线。可见:

（1）在方块所示的早期加热阶段(18ms),整条曲线的温度较低,不同深度的裂纹都显示出较为相似的温度变化。

（2）在圆圈所示的晚期加热阶段(100ms),整条曲线的温度都增大,较深的裂纹显示出更大的温度变化。

（3）在三角形所示的冷却阶段(157ms),整条曲线的温度都下降,较浅裂纹导致的温度变化消失,只能观察到较深裂纹导致的温度变化。

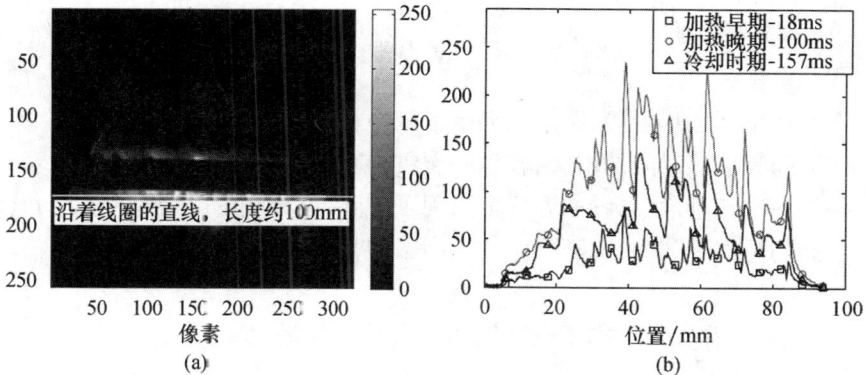

图8.14　不同时刻的温度轮廓曲线

从图8.16(a)中选择两个点进行瞬态分析,点1位于较深的裂纹区域,点2位于较浅的裂纹区域。图8.16(b)显示了两个点的归一化瞬态温度曲线。可以看出:

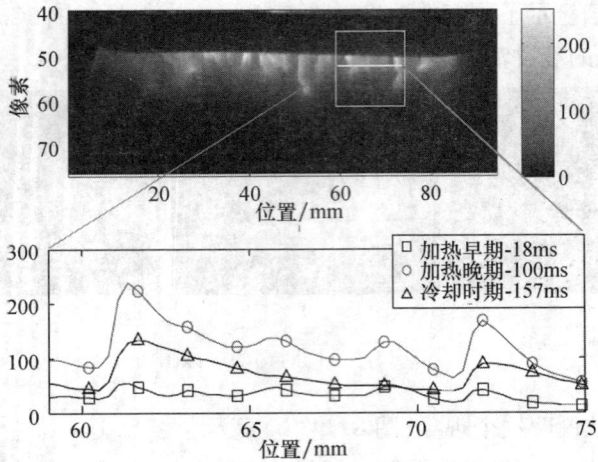

图 8.15　直线的局部区域在不同时刻的温度轮廓曲线

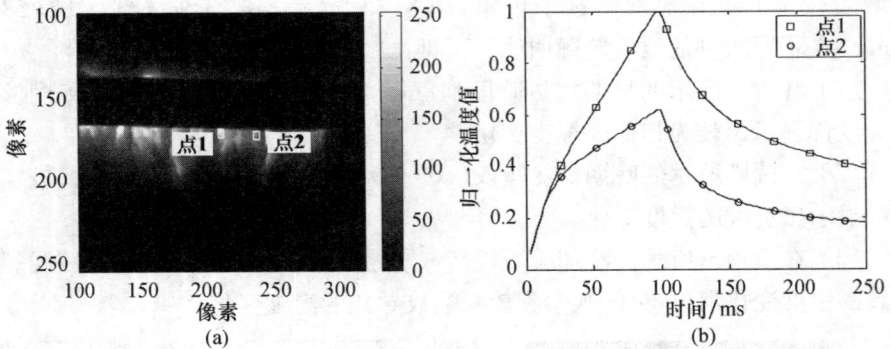

图 8.16　两个点的温度—时间曲线

（1）在早期加热阶段，两个点显示了极为相似的温度变化。

（2）随着加热时间的增大，较深的裂纹（点 1）显示了更高的温度。

（3）在冷却阶段，二者的温度都出现了下降，但是较深的裂纹（点 1）仍然显示了较高的温度。

8.4　铝合金倾斜裂纹的检测评估

飞机机身蒙皮多采用铝合金结构。裂纹是铝合金结构中最常见的缺陷之一。实际中的裂纹形状各异。G. Tian 教授采用数值模型与实验研究相结合的手段，对铝合金材料中倾斜裂纹进行了检测评估[64]。

1. 数值模型

图 8.17 为倾斜裂纹的示意图，它的长度为 l，与表面法线方向的倾角为 θ。

缺陷的深度可表示为

$$d = l\cos\theta \quad\quad\quad\quad (8.1)$$

因此,改变缺陷的长度或倾斜角度,缺陷的深度也相应变化。

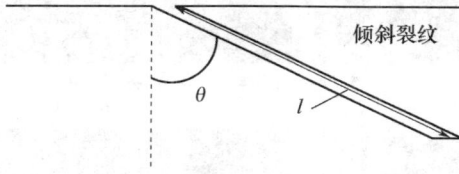

图 8.17　倾斜裂纹示意图

　　图 8.18 为使用 COMSOL 建立的三维有限元模型。铝板尺寸为 80mm ×
150mm × 5mm。试件的初始温度设置为 19.85℃。表 8.1 显示了模型中铝合金
的电属性和热属性。矩形激励线圈的材料为铜,外径为 100mm,内径为
87.3mm。线圈垂直置于铝合金表面,其底边与裂纹呈 90°。激励电流幅值为
350A,频率为 256kHz。通过计算可知这种情况下铝合金中的涡流集肤深度为
0.162mm。

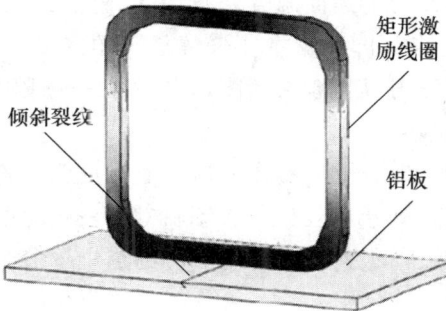

图 8.18　三维有限元模型

表 8.1　模型参数设置

参数	数值	参数	数值
电导率 $\sigma/(\text{S/m})$	3.8×10^{-7}	热导率 $k/(\text{W}/(\text{m} \cdot \text{K}))$	237
密度 $d/(\text{kg/m}^3)$	2700	热传播系数 $\alpha/(\text{m}^2/\text{s})$	9.8×10^{-5}
热容量 $C_\text{p}/(\text{J}/(\text{kg} \cdot \text{K}))$	897		

　　把倾斜裂纹的长度固定为 2.5mm,倾角分别设置为 0°、22.5°、45° 和
67.5°。相应地,缺陷的深度分别为 2.5mm、2.31mm、1.77mm 和 0.96mm。可
见,缺陷的深度都远超过集肤深度 0.162mm。

　　分别对四个缺陷进行数值仿真研究。图 8.19 为四个缺陷在加热 100ms 之
后表面的温度分布。如图 8.19(a)所示的 0°缺陷,它的两侧都发生了"高温效

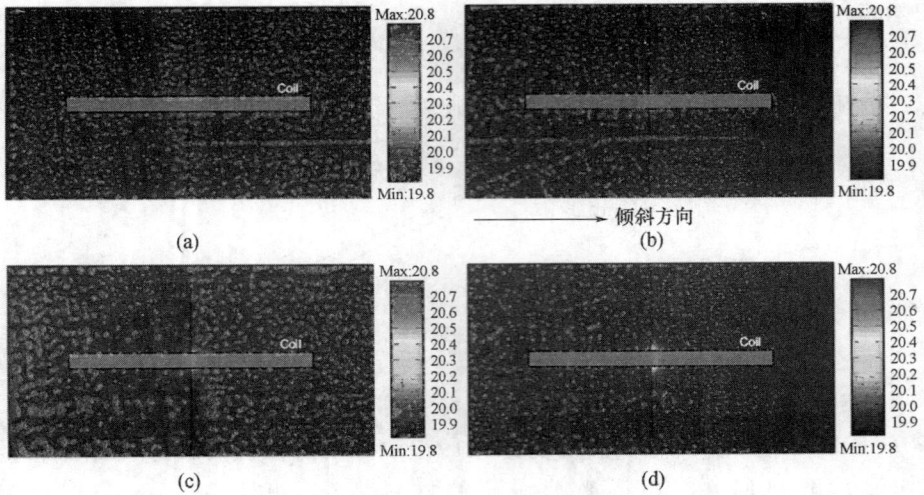

图 8.19 加热 100ms 之后表面的温度场分布

应",并且温度以缺陷为中心对称分布。图 8.19(b) ~ (d)分别为三个不同倾斜缺陷(22.5°、45°和 67.5°)的表面温度分布。对于这三个倾斜缺陷,只能在倾斜方向一侧发现"高温效应",即热量主要聚集于夹角区域。而且,随着角度的增加,倾斜方向一侧的温度升高也越大。图 8.20 为四个缺陷在加热 100ms 之后侧面的温度分布,可以发现:

(1) 0°缺陷的两侧都出现了"高温效应",且温度为对称分布。

(2) 对于倾斜裂纹,热量主要聚集在倾斜方向一侧的角落。

(3) 随着倾斜角度的增大,倾斜方向一侧的热量越多,其表面的温度越高。

2. 特征提取

倾斜裂纹的涡流致热过程同时受材料集肤深度和倾斜角度的影响,这导致倾斜裂纹的评估更加困难。一般认为,可以使用缺陷表面的温度变化对缺陷深度进行评估。这种方法是否能够评估缺陷的角度还有待验证。同时,本节还将介绍一种新的方法对倾斜裂纹的倾角进行评估。

热传播现象可以描述为

$$\rho C_p \frac{\partial T}{\partial t} - \nabla(k \nabla T) = Q \tag{8.2}$$

式中:ρ,C_p,k 分别为材料的密度、热容量和热导率;Q 为涡流导致的焦耳热。从式(8.2)可知,单位面积单位时间内流向内部的热量可以通过热传导的傅里叶法则表示为

$$Q = -k \nabla T \tag{8.3}$$

式中:∇T 为温度梯度矢量。对于倾斜缺陷,占支配地位的热量主要聚集在裂纹

114

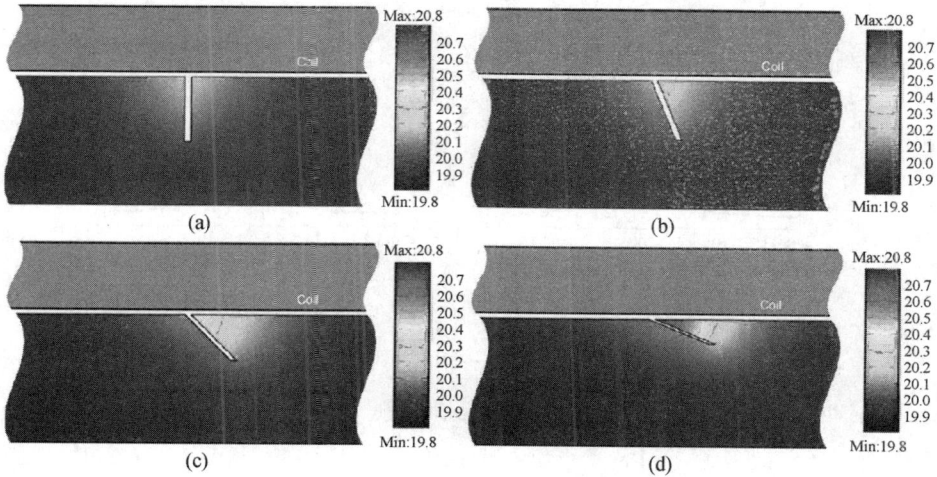

图 8.20　加热 100ms 之后侧面的温度场分布

与表面的夹角处。由于温度梯度直接与热源成正比,具有相同倾角不同长度的裂纹会在倾角处展现出相同的温度梯度。因此,可以把温度梯度看做是一个特征值来评估倾角的大小。

为了评估这种方法的有效性,把不同长度(分别为 1.5mm、2.0mm、2.5mm和 3.0mm)倾斜裂纹的倾角分别设置为 22.5°、45°和 67.5°。采用同样的仿真条件,对这四组裂纹进行仿真。图 8.21 为四组长度不同的倾斜裂纹(每组内裂纹的长度固定,只有倾角变化)的表面温度轮廓曲线。可以直观地发现,当裂纹长度固定时,倾角越大,则表面温度越高,倾斜方向一侧的斜率越大。当裂纹长度增加时,表面温度也随之升高,但斜率基本不变。

为了更好地评估温度曲线在倾斜方向一侧的斜率(以下简称为斜率)与倾斜角度的关系,对不同尺寸倾斜缺陷与斜率的关系进行了仿真分析,结果如图 8.22 所示,其中图 8.22(a)为斜率和裂纹倾角的关系,图 8.22(b)为斜率和裂纹长度的关系,图 8.22(c)为斜率和缺陷深度的关系。比较图 8.22 中的结果,可以发现:

(1)随着裂纹倾角的增大,斜率逐渐增大。

(2)裂纹长度和深度对斜率的影响非常小。

因此,这个特征值是独立于裂纹的长度和深度的,可用于裂纹倾角的评估。

为了比较这个斜率特征值与温度最大值在缺陷评估方面的能力,图 8.23 为四组裂纹的温度最大值与裂纹角度、长度和深度的关系。可以看出,温度最大值分别受这三个因素的影响,因此很难用来评估裂纹的倾斜角度。

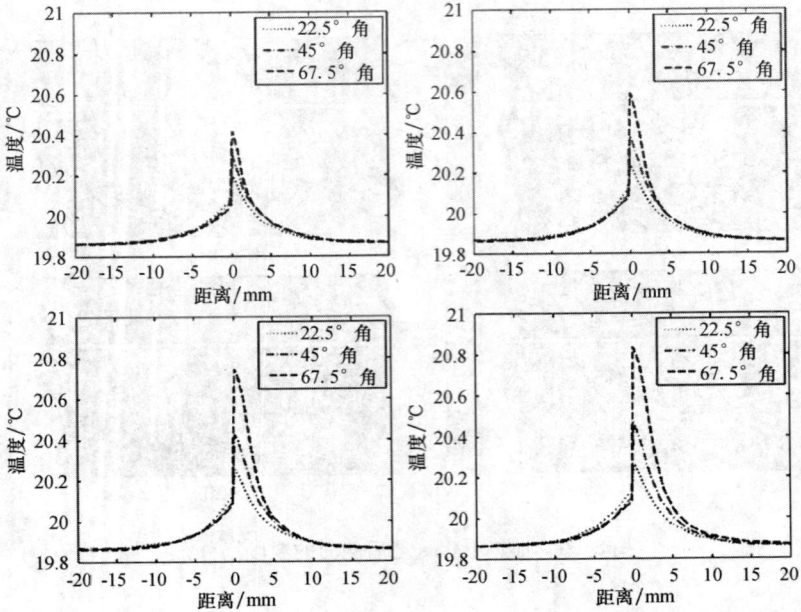

图 8.21　不同长度裂纹在不同倾角时的表面温度轮廓曲线

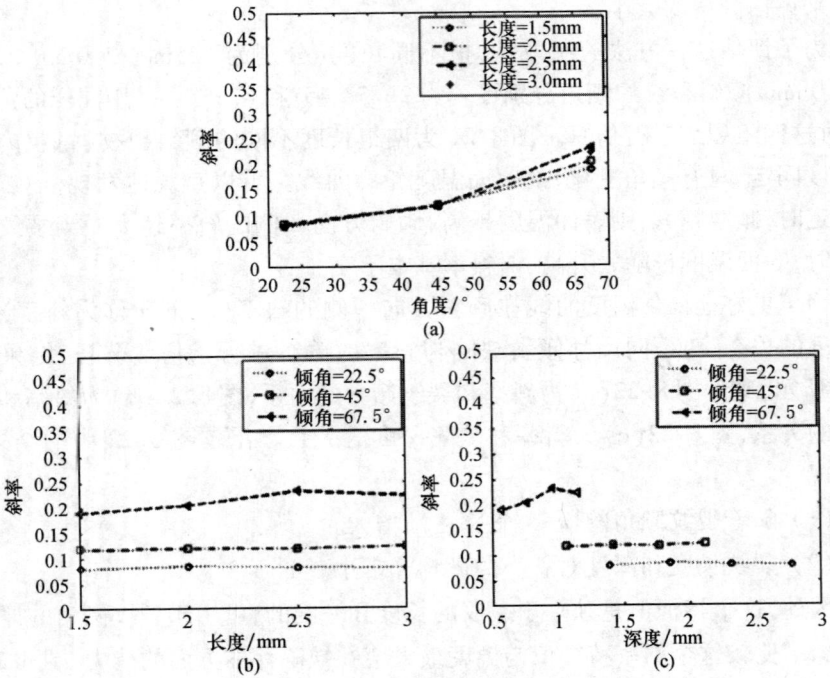

(a)

(b)

(c)

图 8.22　表面温度轮廓曲线的斜率与裂纹倾角、长度和深度的关系

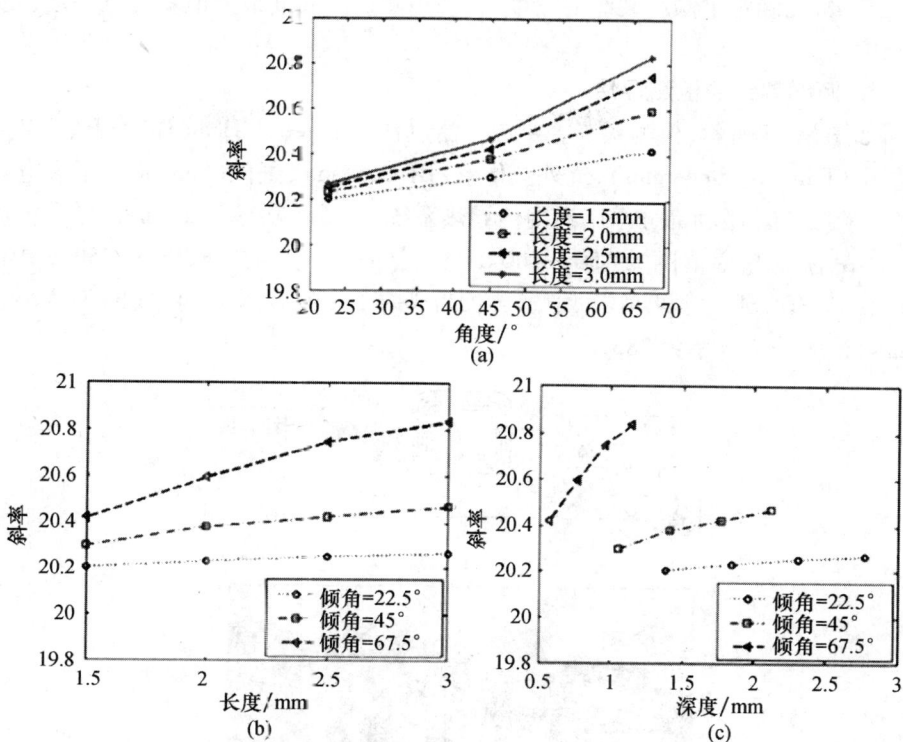

图 8.23　温度最大值与裂纹角度、长度和深度的关系

图 8.24 为不同缺陷的斜率和温度最大值分布。基于这幅图，斜角缺陷的多个物理参数可以被确定。

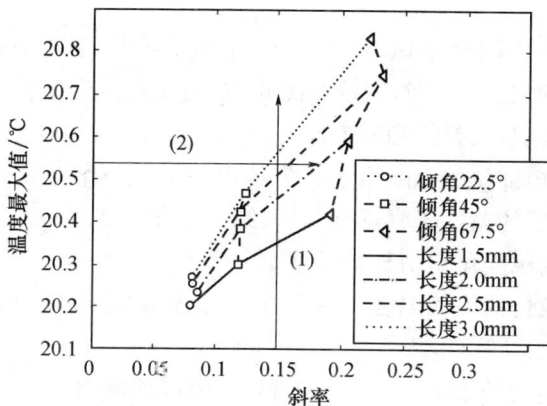

图 8.24　不同缺陷的斜率和温度最大值分布

首先，使用测量的斜率对斜角裂纹的角度进行定量。

其次,在确定了倾斜裂纹的角度后,利用测量的温度最大值就可以确定裂纹的长度。

3. 倾斜裂纹的检测评估

如图 8.25 所示,检测系统主要包括激励源(Induction Heater)、线圈(Coil)、信号源(Function Generator)、红外热像仪(IR Camera)、试件(Sample)、个人电脑(PC)等[85, 94]。激励部分采用商用传导热系统,其最大功率为 2.4kW,最大电流为 400A,激励频率范围为 150 ~ 400kHz。红外热像仪采用 FLIR SC7500,具有 320×256 的 InSb 检测器阵列,敏感波长为 3 ~ 5μm,噪声等效温差(NETD)小于 20mK,最大采集频率为 383Hz。

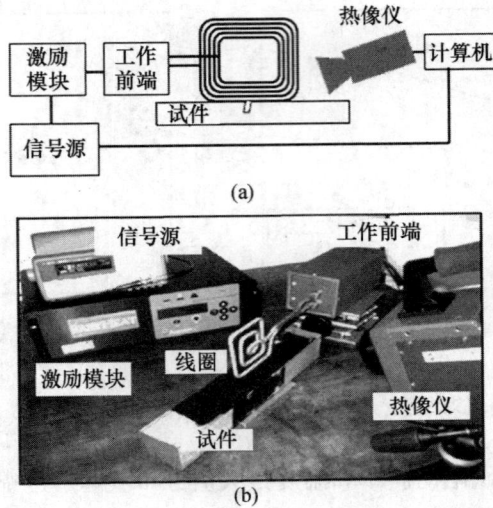

图 8.25　用于倾斜裂纹检测的涡流脉冲热成像实验系统

实验对象是一个铝合金试块,在其表面加工了长度为 5mm,角度分别为 22.5°、45°和 67.5°的三个倾斜裂纹。图 8.26 为加热 100ms 后三个裂纹处的表面温度分布图。很明显,裂纹倾斜方向一侧的温度要高于另一侧。另外,随着裂纹倾角的增加,夹角部位的温度增大。为了评估上一小节提出的斜率特征值的有效性,对跨越裂纹的温度轮廓进行分析,结果如图 8.27 所示。可以发现,缺陷造成的表面温度轮廓变化与仿真结果基本一致:

(1)倾斜裂纹处的表面温度轮廓呈非对称分布,裂纹倾斜方向一侧的温度高于另一侧。

(2)随着倾斜角的增大,温度最大值和斜率都单调增大。

图 8.28(a)和(b)分别为斜率、温度最大值与裂纹倾角的关系。可见,随着裂纹倾角的增加,斜率与温度最大值都单调增加。这个结果与仿真结果一致。

118

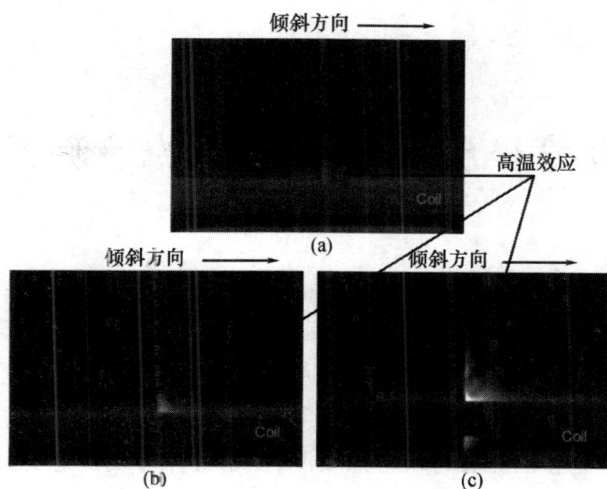

图 8.26　三个倾斜裂纹的表面温度分布

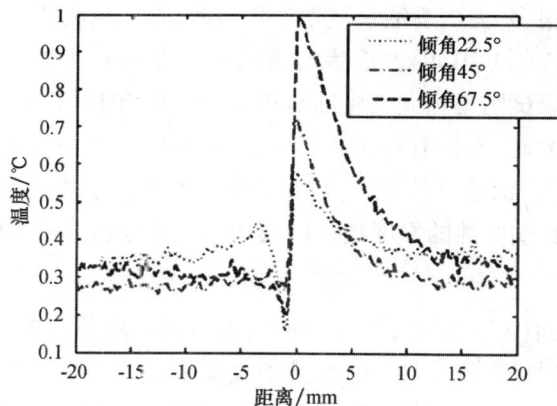

图 8.27　三个倾斜缺陷的温度轮廓曲线

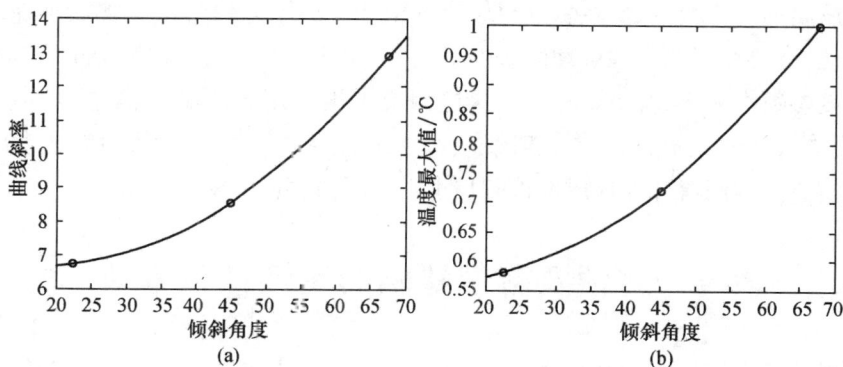

图 8.28　斜率、温度最大值与裂纹倾角的关系

第9章 钢结构中腐蚀的检测评估

钢铁腐蚀的预防和检测是当今世界的一项重大课题。腐蚀给人类带来的损失是巨大的。据有关资料统计,全球因腐蚀每年造成的经济损失高达 7000 亿美元,是综合自然灾害损失(包括地震、台风、水灾等损失)总和的六倍。我国 1995 年由钢铁腐蚀造成的经济损失已高达 1500 亿元,且呈逐年增加的趋势。尤其应注意的是,21 世纪各国竞相开发海洋资源,由于海洋环境的恶劣性,钢铁腐蚀问题变得更加突出。在开发海洋资源上,谁能取得优势,在相当大的程度上取决于谁能解决好钢铁腐蚀这个难题。

腐蚀的种类很多,大气腐蚀是最常见的一种,它所造成的损失约占全部腐蚀所造成损失的 1/2。从 20 世纪初,大气腐蚀便成为一个重要的研究对象。在过去 30 年里,科学家试图得到大气腐蚀与钢化学成分和环境因子之间的关系,特别是定量关系。为此,人们尝试了不同的腐蚀参数、不同的检测和统计分析方法[138]。质量法是目前最直接最可靠的腐蚀速度测量方法,主要用于长期腐蚀的评估[139, 140]。长期腐蚀的发展规律已被证明为符合功率函数模型:

$$C = At^n \tag{9.1}$$

式中:t 为腐蚀时间(年);C 为 t 年之后的腐蚀厚度或质量损耗;A 为第一年的腐蚀损耗;n 为常数[141-143]。但是,质量法测量周期长、信息少、耗费人力和时间,且不适合用于现场腐蚀监测。相比之下,腐蚀电化学方法测试速度快,获得的信息更多,能够实现现场快速检测和自动监测,已经成为各种环境中广泛使用的测试金属腐蚀行为的重要方法。但是,腐蚀电化学方法是一种非直接腐蚀速度测量方法,需要在明确腐蚀机理的条件下,使用相适应的方法根据测定结果计算腐蚀速度参数[144]。近年来,很多无损检测技术被应用到腐蚀检测中,如声发射法[145, 146]、红外热成像法[147]、射线法[148]、涡流法[149, 150]以及脉冲涡流法[151]。本章重点介绍涡流脉冲热成像检测技术对一年内腐蚀的检测评估。

9.1 腐蚀及附带缺陷的定性评估方法

腐蚀通常发生在钢结构表面,如图 9.1(a)和(b)所示。另外,腐蚀的形成和扩展还会带来很多附带缺陷,如图 9.1(c)所示的涂层破裂,图 9.1(d)所示的气泡等。

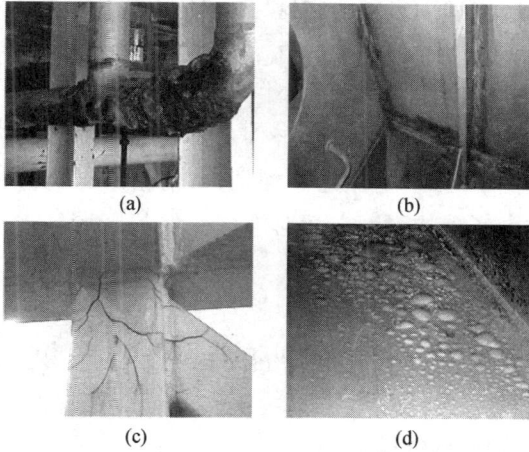

图9.1 腐蚀及其附带缺陷

下面介绍腐蚀及其附带缺陷(涂层破裂、气泡)的定性评估方法。图 9.2 为涡流脉冲热成像检测技术对不同缺陷的检测原理示意图。图 9.2(a)为钢结构中表面的腐蚀检测示意图。Gotoh 的研究表明,腐蚀会导致钢结构的局部磁导率和电导率减小[152]。Tian 和 He 的研究表明,腐蚀导致电导率减小会产生更多的焦耳热。因此,在涡流热成像检测技术得到的温谱图中,腐蚀区域会显示为高亮区域[79, 80]。当然,腐蚀的发射率也会增大,并影响温谱图中的温度分布,这一点在实际检测中也需要考虑。图 9.2(b)为涂层覆盖下的腐蚀检测示意图。热

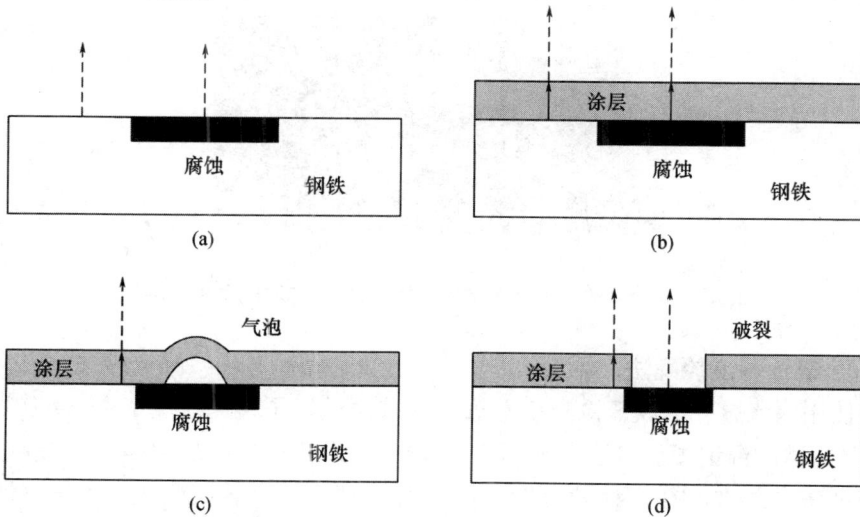

图9.2 涡流脉冲热成像检测技术对腐蚀及其附带缺陷的检测原理示意图

像仪只能记录涂层表面的温度变化,因此,涂层对检测结果的影响必须重点考虑。涂层会消除腐蚀区域和无腐蚀区域发射率的不同,这是有利于缺陷识别的。同时,涂层也会减弱腐蚀所引起的温度变化。最终,腐蚀区域的涂层表面也会呈现出较高的温度[79]。图9.2(c)为涂层上的气泡缺陷。很明显,气泡中的空气(隔热性缺陷)会阻碍热量的传递。因此,气泡区域的涂层表面在热像图上会显示出较低的温度。图9.2(d)为涂层破裂的情况,由于破裂处没有涂层的影响,热像仪直接记录的是腐蚀的温度。相对涂层完好的区域,破裂区域会显示出较高的温度。

9.2 不同曝露时间腐蚀的评估及发展规律预测

1. 不同曝露时间的腐蚀试件

低碳钢(S275)被选作研究对象,它的化学成分(%质量)为 $<0.22C$,$0.05 \sim 0.15Si$,$<0.65Mn$,$<0.3Ni$,$<0.05S$,$<0.04P$,$<0.3Cr$,$<0.012N$ 和 $<0.3Cu$。不同曝露时间的腐蚀试件的制作步骤为:首先,把厚度为 3mm 的 S275 钢板切割成长×宽为 300mm×150mm 的长方形。其次,使用黑色塑料带覆盖钢板,直到只剩中间 30mm×30mm 的区域。然后,把试件放置在海洋大气环境中,曝露不同的时间($t = 1$ 个月、3 个月、6 个月和 10 个月),以便在试件的中间区域形成一定时间的大气腐蚀。当一定时间的腐蚀形成后,回收试件至实验室。图9.3(a)为曝露 1 个月的腐蚀试件(已移除黑色塑料带)。使用非导电涂料把部分腐蚀试件覆盖,覆盖厚度大约为 $100\mu m$,形成带有涂层的腐蚀试件。图9.3(b)为覆盖涂层后的 1 个月腐蚀,黑色方框中为腐蚀区域[151]。

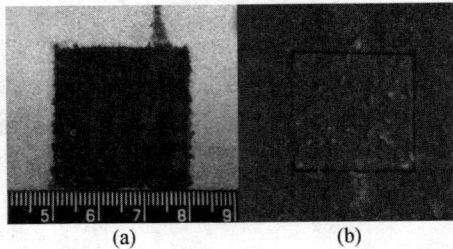

$$(a) \qquad (b)$$

图9.3 曝露 1 个月的腐蚀和使用涂层覆盖之后的 1 个月腐蚀

2. 表面温度轮廓法

使用涡流脉冲热成像检测技术对腐蚀试件进行了检测。图9.4(a)为曝露 3 个月腐蚀的温谱图。可以发现,腐蚀区域的温度比周边区域要高,这与理论分析结果是一致的。图9.4(b)为图9.4(a)中直线的温度轮廓曲线。由于腐蚀导致的属性变化和表面粗糙度的影响,腐蚀部位的温度差异也很大。该温度轮廓曲线类似于腐蚀的表面轮廓曲线[79]。

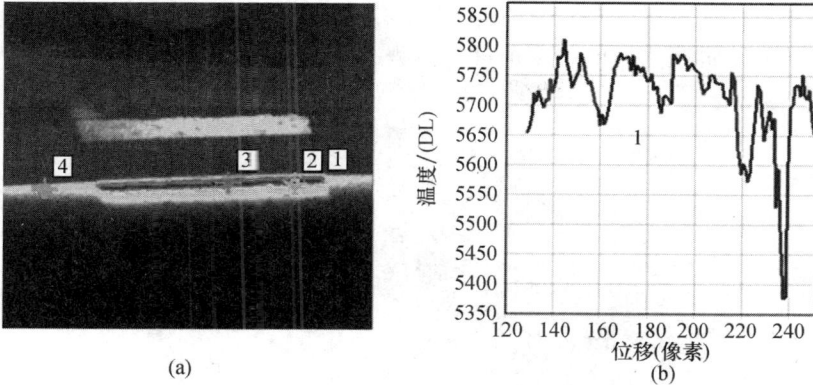

(a)

(b)

图9.4　腐蚀的热像图和表面温度轮廓曲线

图9.5 为采用激光轮廓法(Laser Profilometry)测量得到的 3 个月腐蚀的表面轮廓曲线。该轮廓曲线已减去平均值,轮廓曲线的均方根 R_q 和峰峰值 R_t 可以用来用来评估腐蚀的表面粗糙度。

$$R_q = \sqrt{\frac{1}{n}\sum_{i=1}^{n} y_i^2} \qquad (9.2)$$

$$R_t = R_p - R_v = |\max_{1 \leqslant i \leqslant n} y_i| + |\min_{1 \leqslant i \leqslant n} y_i| \qquad (9.3)$$

式中:y_i 为减去平均值的距离值;R_p 为最大峰值; R_v 为最小峰值[153]。

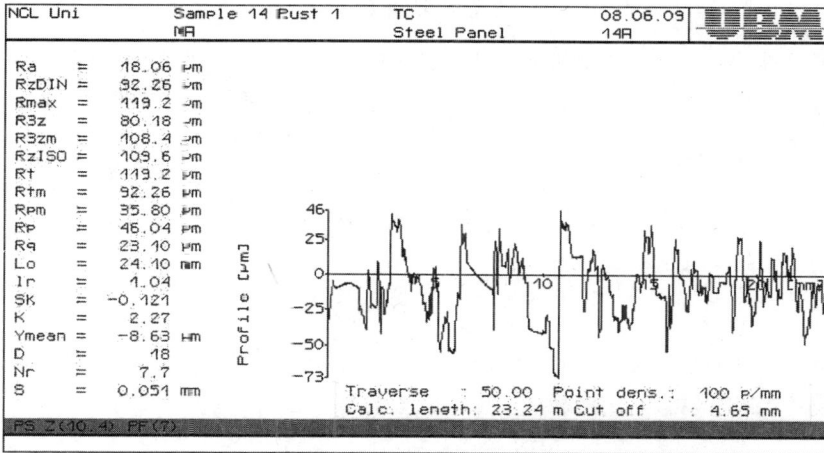

图9.5　使用激光轮廓法测量的 3 个月腐蚀的表面轮廓线

同理,温谱图中的表面温度轮廓曲线的峰峰值(PP)和标准差(Std-dev)可以用来评估腐蚀。图 9.4(b)中温度轮廓曲线的峰峰值(PP)和标准差(Std-dev)分别是 435 和 70 52。

3. 脉冲涡流检测结果

为了得到腐蚀的一些信息,首先使用脉冲涡流(Pulsed Eddy Current,PEC)检测技术对不同曝露时间的腐蚀进行检测。图9.6为实验所用的脉冲涡流检测系统[151]。

图 9.6　脉冲涡流检测系统

图9.7(a)显示了该检测系统典型的脉冲涡流响应信号(半周期)。为了便于描述,时间轴已做归一化处理。B为某次实验 Hall 测得的响应,B_{REF}为参考信号,该信号即可以是传感器在空气中的响应,也可以是在被测对象无缺陷部位的响应。使用差分处理获得新的响应信号:差分时域响应为

$$\Delta B = B - B_{REF} \tag{9.4}$$

观察响应信号 B、B_{REF} 和 ΔB 可知,Hall 传感器的脉冲涡流响应主要分为上升阶段和稳定阶段。分别对 B 和 B_{REF} 进行幅值归一化处理,获得新的归一化时域响应 B^{norm} 和 B_{REF}^{norm}

$$B^{norm} = \frac{B}{\max(B)} \tag{9.5}$$

$$B_{REF}^{norm} = \frac{B_{REF}}{\max(B_{REF})} \tag{9.6}$$

图9.7(b)所示为经过归一化处理的响应信号。新的差分信号(差分归一化时域响应)ΔB^{norm} 可以表示为

$$\begin{aligned} \Delta B^{norm} &= B^{norm} - B_{REF}^{norm} \\ &= B/\max(B) - B_{REF}/\max(B_{REF}) \end{aligned} \tag{9.7}$$

差分归一化响应 ΔB^{norm} 主要分为脉冲阶段和零值阶段。脉冲阶段主要对应图9.7(a)中的上升阶段,零值阶段主要对应图9.7(a)中的稳定阶段。由此可知,差分归一化响应信号主要放大了脉冲涡流响应的上升阶段。针对新的差分

信号,提取它的峰值 $PV(\Delta B^{norm})$ 作为新的特征值。

可以把脉冲涡流响应看做是电路系统的响应,它的时间常数可以表示为

$$T_c = \frac{L}{R} \tag{9.8}$$

式中:L 为电路系统的电感;R 为电路系统的电阻。在图 9.7(b) 所示的归一化响应中,B^{norm} 的时间常数要小于 B_{REF}^{norm} 的时间常数。在涡流检测系统中,电感 L 可以看做是一定的,因此可以推断 B^{norm} 的电阻要大于 B_{REF}^{norm} 的电阻。差分处理 B^{norm} 和 B_{REF}^{norm},可以获得正的归一化响应 ΔB^{norm}。因此 ΔB^{norm} 的峰值 $PV(\Delta B^{norm})$ 在一定程度上可以反映归一化时域响应 B^{norm} 和归一化参考时域响应 B_{REF}^{norm} 的电阻率(电导率)的变化情况。Morozov 和 Tian 等人已证明,该特征值 $PV(\Delta B^{norm})$ 与被检材料的电导率成反比例关系[151, 154]。

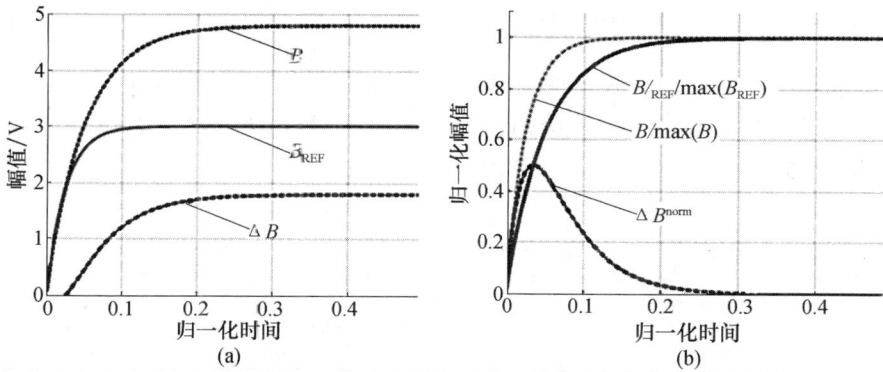

图 9.7 脉冲涡流时域响应和归一化时域响应

使用 PEC 传感器对每个腐蚀试件测量 16 次,然后求出平均值。图 9.8 显示了检测结果,圆圈和方块分别为无涂层和涂层下腐蚀的脉冲涡流特征值 $PV(\Delta B^{norm})$。由图 9.8 可知,随着腐蚀时间的增加,$PV(\Delta B^{norm})$ 的值单调增大,说明了腐蚀会导致电导率降低。图 9.8 中的曲线是使用式(9.9)表示的功率函数拟合得到的,拟合的数值见表 9.1。

$$C = At^n \tag{9.9}$$

式中:t 为腐蚀曝露时间(月);C 为曝露 t 月后测得的 PEC 特征值;A 为第一个月时测量的 PEC 特征值;n 为常数。由此可知,与长期腐蚀一样,一年内腐蚀的发展也遵循功率函数。假如变换 t 的单位为年,则式(9.9)可转化为

$$C = A(12t_y)^n = 12^n A t_y^n = B t_y^n \tag{9.10}$$

式中:t 为腐蚀时间(年);$B = 12^n A$ 为第一年时的 PEC 特征值。该式可用于预测

一年及以后的腐蚀特征值。

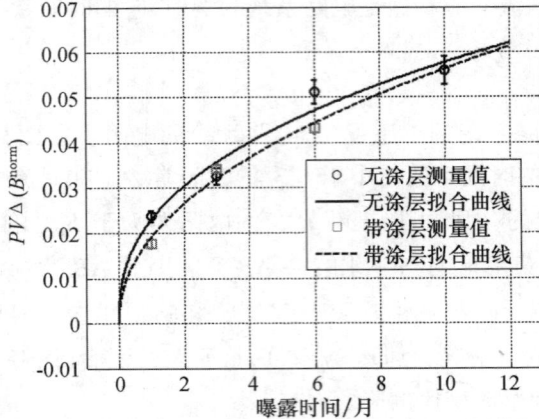

图 9.8　脉冲涡流特征值 $PV(\Delta B^{norm})$ 与腐蚀时间的关系

由式(9.9)和式(9.10)预测可知,12 个月之时,无涂层和有涂层的 PEC 特征值 $PV(\Delta B^{norm})$ 分别为 0.0621 和 0.0615。同理,假如测得 PEC 特征值 $PV(\Delta B^{norm})$,可通过逆运算估计腐蚀已发生的时间。

表 9.1　功率函数的系数拟合值

腐蚀类型	A	n	B
无涂层	0.0230	0.3989	0.0621
有涂层	0.0192	0.4679	0.0615

对式(9.10)进行求导,可得腐蚀的发展速率为

$$v = nBt_y^{n-1} \tag{9.11}$$

由 PEC 拟合结果可知,n 的值小于 1,这意味着腐蚀的速率是逐渐降低的。图 9.9 为采用激光轮廓法(Laser Profilometry)测得的腐蚀高度与腐蚀时间的关系。可见,随着腐蚀时间的增大,腐蚀的高度逐渐增加。而且,二者仍然可以使用功率函数(式(9.9))来拟合。图 9.8 和图 9.9 的结果也都显示了,腐蚀发展曲线的斜率是逐渐减小的。这是由于随着时间的延长,已经生成的腐蚀会阻碍氧气和水分的供应,从而减小腐蚀生成的速率[155]。

使用脉冲涡流检测技术对钢结构中腐蚀进行检测,可以得到以下结论:与长期腐蚀一致,一年内腐蚀的发展规律符合功率函数模型。

4. 涡流脉冲热成像检测结果

采用涡流脉冲热成像法对不同曝露时间的腐蚀进行了检测。图 9.10 为没有涂层的不同曝露时间腐蚀的分类结果。可见,不同曝露时间的腐蚀可以有效

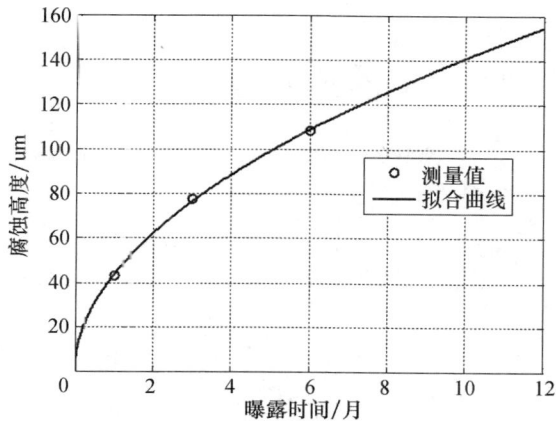

图 9.9　激光轮廓法测量的腐蚀高度与腐蚀时间的关系

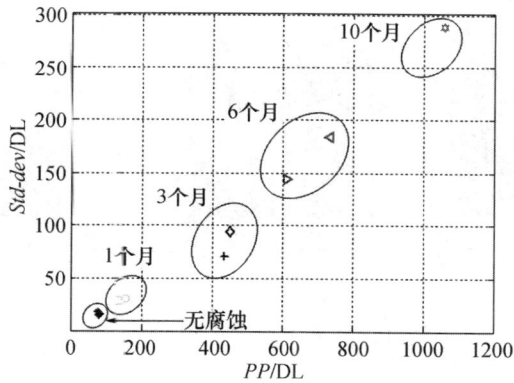

图 9.13　不同曝露时间腐蚀的分类结果

分类。而且,随着腐蚀时间的延长,两个特征值(PP 和 $Std-dev$)都单调增大。

　　图 9.11 为无涂层腐蚀和涂层腐蚀的特征值随时间的变化规律。同样可以得出结论:随曝露时间 t 的延长,两个特征值均单调增大。由脉冲涡流检测结果可知,一年内腐蚀的发展规律可以用功率函数(式(9.9))来评估,而且腐蚀的速率是逐渐降低的[151]。由图 9.11 可发现,腐蚀发展的斜率在 1~6 个月是逐步降低的。但是在 6~10 个月时,无涂层腐蚀的斜率反而出现了增加,这是由于腐蚀的脱落造成的。图 9.12 分别显示了 3 个月、6 个月和 10 个月时的腐蚀。可以发现,10 个月腐蚀的松层和脱落现象很严重。这就导致腐蚀的表面粗糙度有所增大,并导致涡流热成像测量的特征值变大。

　　另外,随着时间的延长,腐蚀的面积会增大。如图 9.12 所示,随着曝露时间的延长,腐蚀面积会扩展。而且,还出现了腐蚀松动和脱落的现象。这种现象在 10 个月的时候尤其严重,这就会导致测量出现较大误差。

127

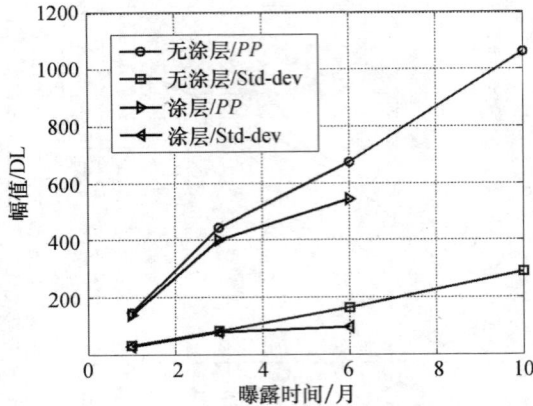

图 9.11　腐蚀的特征值与曝露时间的关系

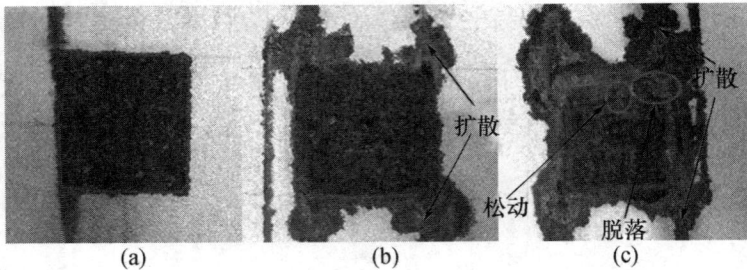

(a)　　　　　　(b)　　　　　　(c)

图 9.12　不同曝露时间(3 个月、6 个月和 10 个月)的腐蚀照片

9.3　不同处理等级腐蚀的分类

1. 不同处理等级的腐蚀试件

低碳钢(S275)被选作研究对象,它的化学成分(%(质量))为 < 0.22 C, 0.05 ~ 0.15 Si, <0.65 Mn, <0.3 Ni, <0.05 S, <0.04 P, <0.3 Cr, <0.012 N 和 <0.3 Cu。不同处理等级腐蚀试件的制作过程为:首先,4mm 厚的 S275 钢板被切割为长 × 宽为 300mm × 100mm 的长方形。其次,钢板被置于海洋大气环境中 1 个月。然后,钢板上的腐蚀被不同的表面处理方法处理,处理方法有喷砂(Sa2.5),SP11 和 ST2[156, 157],形成没有涂层的一组试件。分别使用两种涂层对试件进行覆盖,形成另外两组带有涂层的腐蚀试件。详细的试件编号如表 9.2 所列,部分试件的照片如图 9.13 所示[79, 158, 159]。

表 9.2　不同等级的腐蚀

处理方法	处理效果	无涂层	涂层 1	涂层 2
喷砂（Sa2.5）	腐蚀基本被清除	UC1	C2A，C2B	C21，C22
SP11	极少量腐蚀没有被清除	UC2	C2C，C2D	C23，C24
ST2	少量腐蚀没有被清除	UC3	C2E，C2F	C25，C26
没有处理		UC4	C2G	C27

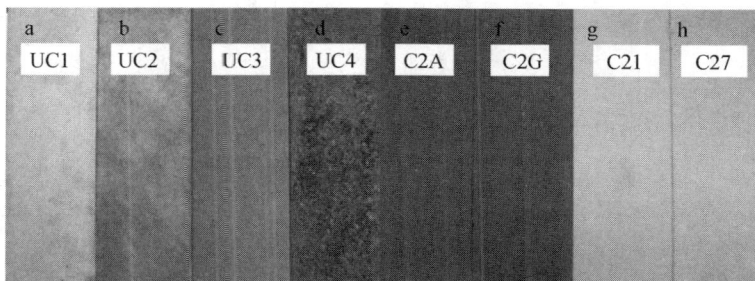

图 9.13　不同处理等级的腐蚀照片

2. 腐蚀的分类识别

采用涡流脉冲热成像检测技术对腐蚀试件进行检测,加热时间为 40ms,提取在 40ms 时腐蚀部位的两个特征值——峰峰值 PP 和标准差 $Std-dev$。图 9.14 为不同处理等级腐蚀的峰峰值 PP 和标准差 $Std-dev$ 分布。图 9.15 为采用激光轮廓法测得的表面粗糙度。图 9.14 和图 9.15 中,横坐标的 1 代表喷砂处理之后的腐蚀,2 代表 SP11 处理之后的腐蚀,3 代表 ST2 处理之后的腐蚀,4 代表没有处理的腐蚀。分析实验结果可以发现:

（1）经处理(喷砂、SP11 和 ST2)之后的腐蚀的特征值明显低于没有处理的

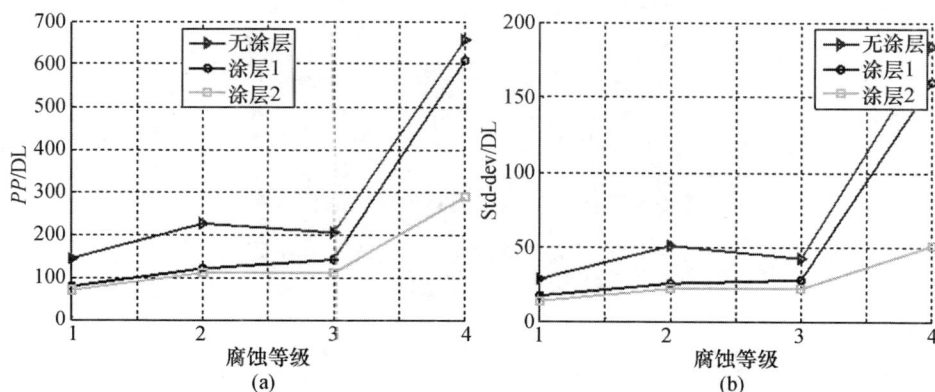

图 9.14　不同等级腐蚀的 PP 和 Std-dev 分布

腐蚀。在这一点上,使用涡流脉冲热成像获得的结果与激光轮廓法得到的结果相一致。

(2) 唯一的区别出现在第二组(SP11),在激光轮廓法的测量结果中,经SP11处理之后腐蚀的粗糙度略低于经喷砂处理之后腐蚀的粗糙度;而在涡流脉冲热成像的检测结果中,SP11处理之后腐蚀的粗糙度略高于经喷砂处理之后腐蚀的粗糙度。

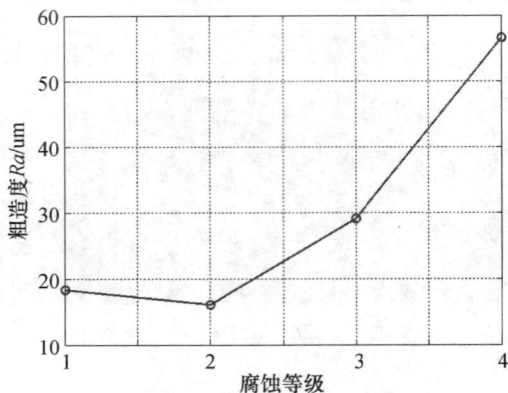

图9.15 采用激光轮廓法测量的腐蚀表面粗糙度

9.4 气泡缺陷的检测评估

把涂层试件放入盐水浸泡一段时间后获得带有气泡的试件,如图9.16所示。部分气泡发生了破损,可以很明显地发现腐蚀的存在。

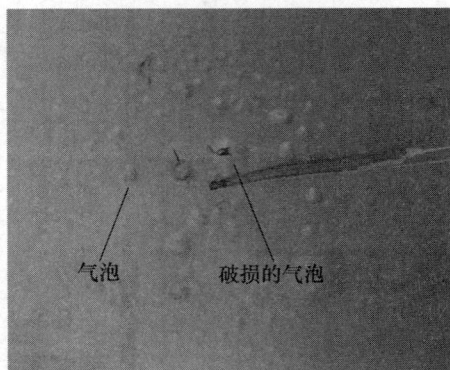

图9.16 气泡试件和检测结果

采用涡流脉冲热成像检测技术对气泡试件进行了检测,加热时间为200ms,总的记录时间为500ms,采集频率为200Hz。图9.17分别为30ms、200ms和

500ms 时的温谱图。可以发现：

（1）与9.1节的理论分析相一致，气泡区域显示为低温区域；破损的气泡区域显示为高温区域。

（2）在30ms的热像图上，只可以发现破损的气泡。

（3）在200ms时，气泡和破损的气泡都可以发现。

（4）在500ms时，可以发现的气泡数量减少。

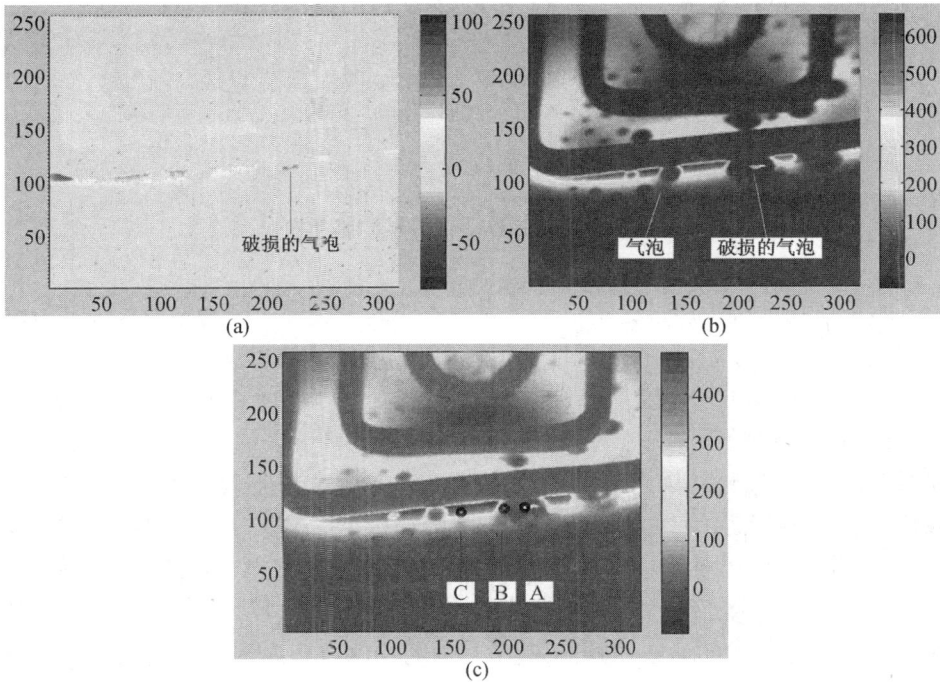

图9.17　气泡试件在不同时刻的温谱图

为了更好地明白破损的气泡、气泡及无缺陷区域的温度变化，选择几个点进行分析。几个点的位置如图9.17（c）所示。图9.18显示了几个点的瞬态温度曲线和归一化瞬态温度曲线。可见：

（1）A点为破损的气泡区域，在很短时间（100ms）内，温度上升较快。因此，在早期加热阶段有利于发现破损的气泡。

（2）B点为气泡区域，空气阻碍了热量向涂层表面的传播。因此，温度上升较慢。

（3）C点为无缺陷区域，由于有涂层的阻碍，温度达到最大值的时间要略晚于加热时间（200ms）。

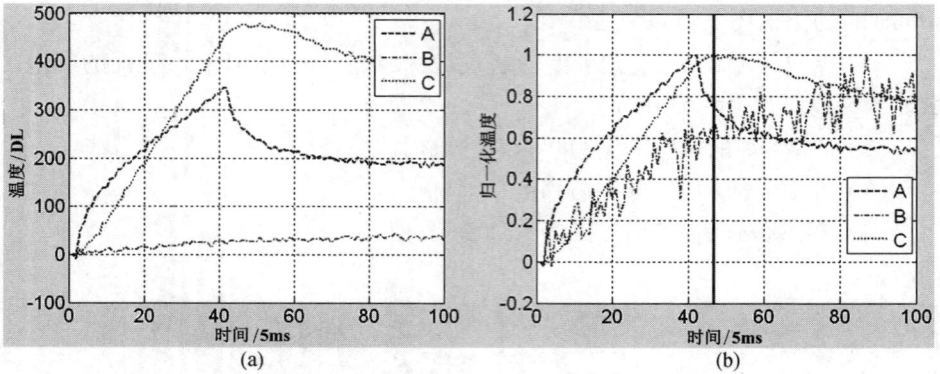

图 9.18　几个点的瞬态温度曲线

9.5　轻微腐蚀的检测评估

本节所指的轻微腐蚀是指 1 个月内的微弱大气腐蚀。因为轻微腐蚀基本发生在钢铁结构与涂层之间,这就增加了轻微腐蚀的检测难度。

1. 早期检测方法及结果分析

由于热传递是一个三维过程,热量的横向传递所带来的"模糊效应"会影响轻微腐蚀的可检测性,因此本节使用早期检测方法来避免横向热传递的"模糊效应"。以涂层下腐蚀为例来说明检测思路。如图 9.19(a)所示,腐蚀导致的焦耳热会纵向传递,在涂层表面造成温度差异,这种传递有利于轻微腐蚀的检测;如图 9.19(b)所示,腐蚀导致的焦耳热也会横向传递,这种传递会造成"模糊效应",削弱腐蚀造成的温度差异,不利于腐蚀的检测。当腐蚀造成的温度变化穿过涂层时,已经受"模糊效应"的影响很难被发现。时间越长,"模糊效应"带来的负面影响越明显。

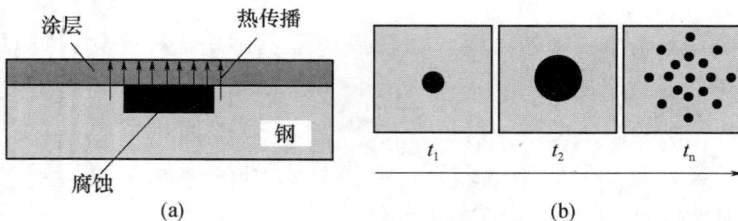

图 9.19　热传递的纵向传递和横向传递

图 9.3(a)和(b)分别为一个月的裸露腐蚀和涂层下腐蚀。使用涡流脉冲热成像检测技术分别对二者进行检测。实验中,加热时间为 0.2s,热像仪记录时间为 0.5s,采集频率为 383Hz。图 9.20 为某点的瞬态温度曲线。为了说明横

向热传递"模糊效应"对检测结果的影响,分别采用26ms、52ms和200ms时的温谱图来检测腐蚀。

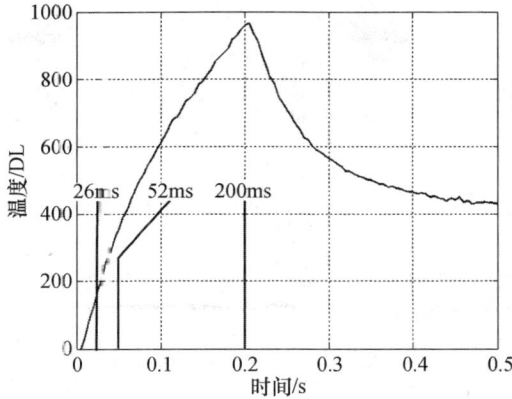

图9.20　瞬态温度曲线

图9.21为无涂层覆盖的腐蚀在不同时刻的热像图。26ms时的腐蚀轮廓最清楚;52ms时的腐蚀发生了模糊;在200ms时,腐蚀仍然可以与周围区域进行区分,但是腐蚀本身造成的温度差异已很难发现。图9.22为涂层覆盖的腐蚀在不同时刻的热像图。26ms时,可以观测到腐蚀的轮廓;52ms时的腐蚀发生了模糊;200ms时,已很难识别出腐蚀。对比图9.21和图9.22的结果可以发现:

(1)200ms时曝露的腐蚀可以被识别,但是涂层下的腐蚀无法被识别。

(2)在同一时间,无涂层腐蚀的检测效果总是好于涂层下腐蚀的检测结果。

以上结果说明,由于涂层的阻碍,热传递带来的"模糊效应"对涂层下腐蚀的影响是严重的。

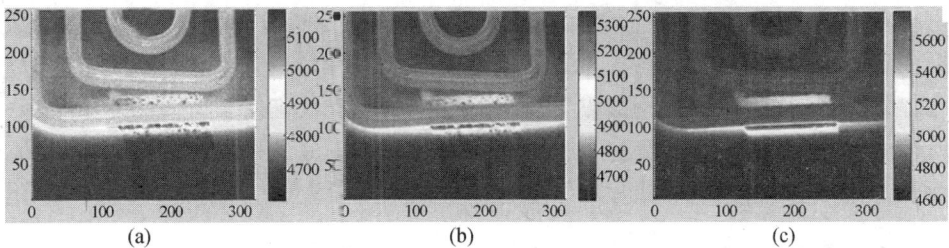

图9.21　无涂层腐蚀不同时刻的热像图

2. 图像重构方法及结果分析

使用基于统计分析的图像重构方法对涂层下轻微腐蚀进行检测。在使用之前,对该方法进行优化。分别选取涂层下腐蚀早期阶段(0～26ms)、较早阶段(0～52ms)、加热阶段(0～200ms)和全部数据(0～500ms)的数据作为输入。图9.23中,使用了早期(0～26ms)的检测数据,腐蚀的信息占主导地位,所以腐蚀

133

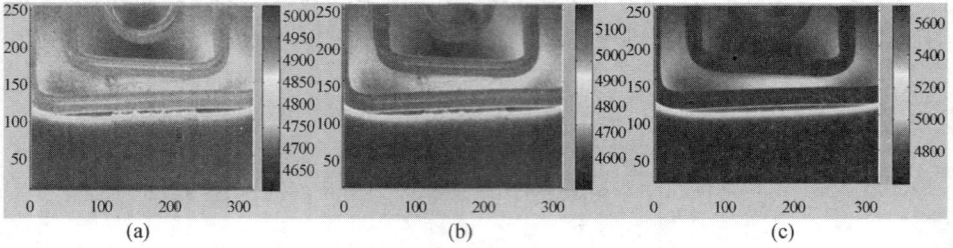

图 9.22　涂层下腐蚀不同时刻的热像图

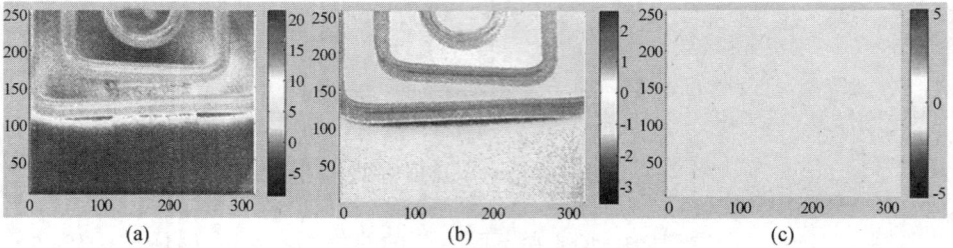

图 9.23　采用 0~26ms 数据重构的涂层下腐蚀

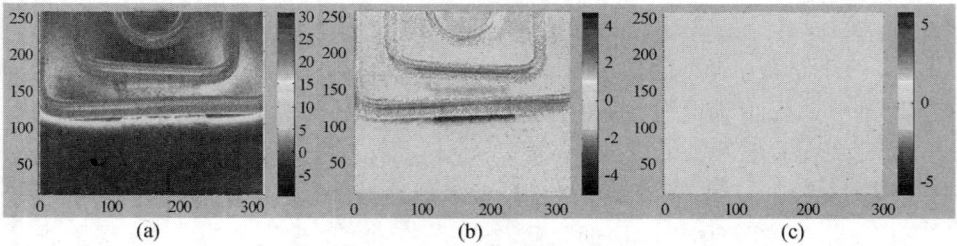

图 9.24　采用 0~52ms 数据重构的涂层下腐蚀

出现在第一主成分图像中;图 9.24 中,使用了较早期阶段(0~52ms)的检测数据,腐蚀的信息仍然占主导地位,腐蚀还是出现在第一主成分图像中;图 9.25 中,采用了加热阶段的检测数据,受模糊效应的影响,缺陷信息所占的比重下降,所以腐蚀出现在第二与第三主成分图像中,且第二主成分中的腐蚀最容易识别。而且,可识别的腐蚀区域明显大于原始的检测结果(图 9.22)。图 9.26 中,采用

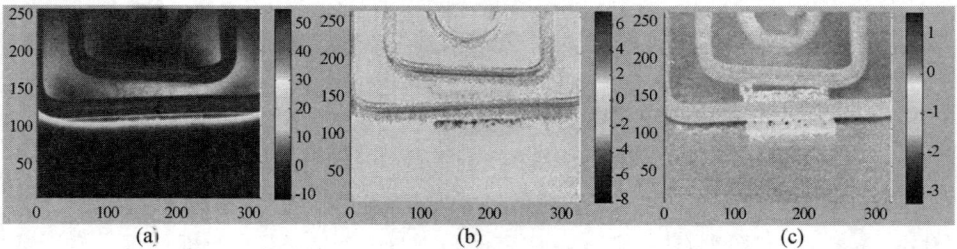

图 9.25　采用 0~200ms 数据重构的涂层下腐蚀

了全部的检测数据,受模糊效应的影响,缺陷信息所占的比例进一步下降,第三主成分图像中的腐蚀最容易被识别。该检测结果说明:

（1）基于统计分析的图像重构方法可以抑制"模糊效应",改善轻微腐蚀的检测结果。

（2）在采用基于统计分析的图像重构方法时,数据的优化选择非常重要。选择检测数据作为输入的阶段越早,出现腐蚀的主成分的顺序越小。

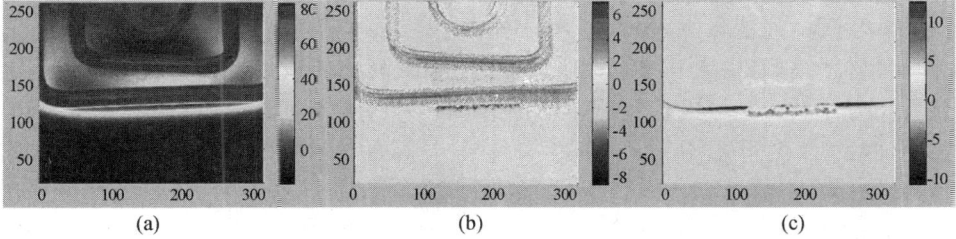

图 9.26　采用 0～500ms 数据重构的涂层下腐蚀

第 10 章　碳纤维复合材料的检测评估

　　碳纤维增强塑料(Carbon Fibre Reinforced Plastic,CFRP)层压板是一种先进的复合材料结构,由于其具有比强度高、比刚度高和可设计性强等优点,在航空航天飞行器制造领域的应用很多。CFRP 构件的制造工艺较为复杂,质量难以控制,因此对飞行器结构件等可靠性要求高的 CFRP 构件,必须进行无损检测[160]。

　　复合材料是一种具有明显细观结构的材料,由于这种材料的非均匀性、各向异性和"天然"存在的微观甚至宏观的缺陷或损伤,其损伤和破坏机理是非常复杂的。复合材料层压板中的主要损伤有分层和撞击。复合材料层压板在制造过程中因为不完全的固化过程,外来微粒的进入、不连续处层间应力的存在等会造成层间分层损伤,还可能由于组装或使用过程中外来物的低速撞击等造成层间分层损伤。这些分层损伤的存在,使得层压板在外载作用下,发生分层的局部屈曲,进而引起分层扩展,造成层压板的承载能力下降。所以分层损伤对复合材料层压板的强度、刚度的影响是很大的[161]。目前有不少研究工作者对分层的产生和扩展机理进行了分析和实验研究。但是对分层缺陷的检测评估研究较少[162, 163]。

　　复合材料具有比强度和比刚度高的特点,但对外来物撞击极为敏感。根据环境可分为低速低能撞击、高速高能撞击和超高速撞击。超高速撞击主要指空间环境下碎片对航天器的撞击[164, 165]。低速撞击和高速撞击主要指大气环境下,外来物对航空飞行器的撞击。低速低能冲击会产生不可见损伤,隐患极大;而高速高能冲击会直接造成失效破坏。

　　如何有效地对复合层压板中的分层和撞击缺陷进行评估是本章研究重点。热成像技术与超声法、射线法等传统方法相比,具有非接触、速度快、单次检测面积大和对复杂几何形状构件的可适应性等优点,因此近年来在复合材料缺陷检测中的应用越来越广泛[162, 163]。考虑到 CFRP 中的碳纤维具有导电性,本章介绍涡流脉冲热成像检测技术在 CFRP 撞击和分层缺陷检测和评估中的应用。

10.1　碳纤维复合材料中缺陷检测识别方法

1. 各向同性材料的体积型加热与缺陷识别方法

　　碳纤维复合材料具有较低的电导率,决定了复合材料的加热方式是体积型。

以理想的各向同性材料的本积型加热为例,由集肤效应可知,在深度 z 处感应的涡流密度为

$$J_z = J_0 e^{-z\sqrt{\pi\mu\sigma}} \cos(2\pi ft - z\sqrt{\pi f\mu\sigma}) \tag{10.1}$$

式中:J_0 为表面感应的涡流密度;f 为激励频率。由此可推算处表面涡流密度与深度 z 处的涡流密度关系为

$$|J_z| = \frac{J_0}{e^{z\sqrt{\pi f\mu\sigma}}} \tag{10.2}$$

涡流产生的热量 Q 与涡流密度成正比。因此,在表面与深度 z 处的热量可分别表示为

$$Q_0 = \frac{1}{\sigma} = |J_0|^2 \tag{10.3}$$

$$Q_z = \frac{1}{\sigma}|J_z|^2 = \frac{1}{\sigma}|\frac{J_0}{e^{z\sqrt{\pi f\mu\sigma}}}|^2 = \frac{Q_0}{(e^{z\sqrt{\pi f\mu\sigma}})^2} \tag{10.4}$$

由式(10.4)可知,随着深度 z 的增加,涡流热 Q_z 呈指数规律衰减。以下分别对理想各向同性材料中的缺陷进行分析。

1)表面缺陷

图 10.1 为表面缺陷在两种模式下的检测示意图,表面缺陷处于正面。A 处于无缺陷区域的正面,C 处于无缺陷区域的背面;B 处于缺陷区域的正面,D 处于缺陷区域的背面。由第二章内容可知,表面缺陷在反射模式下的检测识别主要依靠缺陷对涡流场的扰动。在穿透模式下,表面缺陷造成的涡流场扰动能否

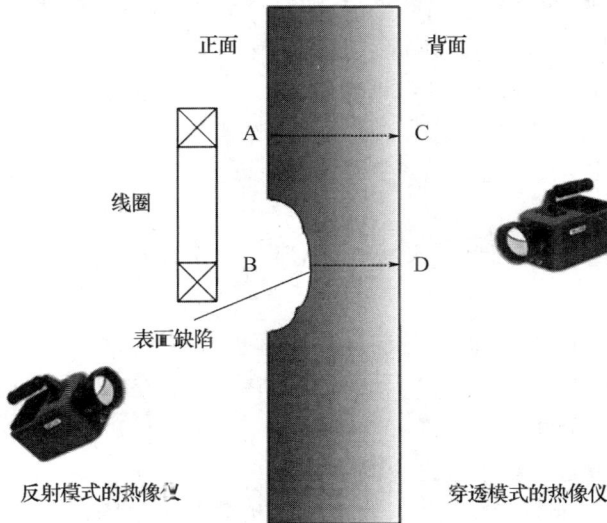

图 10.1　表面缺陷检测示意图

显示,则主要依靠热传递过程。

2）内部缺陷

图 10.2 为内部缺陷在两种模式下的检测示意图。A 处于无缺陷区域的正面,C 处于无缺陷区域的背面;B 处于缺陷区域的正面,D 处于缺陷区域的背面。在加热阶段,正面和反面的涡流基本均匀分布,因此正面和反面的温度不受内部缺陷的影响。可以推断 A 和 B 处的温度基本相同,C 和 D 处的温度基本相同。

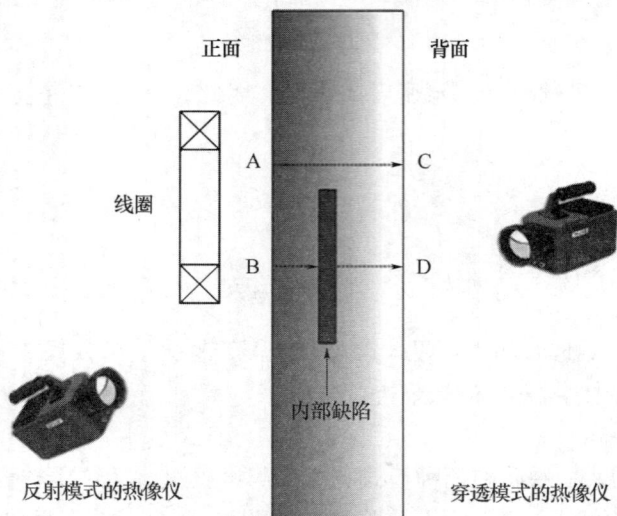

图 10.2　内部缺陷检测示意图

根据第二章热传递过程可以推断,随着热量的传递,内部缺陷逐步影响这一过程。如 A 到 C 之间,没有缺陷影响,二者温度趋于一致。而在 B 与 D 之间,缺陷会阻碍热量的传递。因此可以推断,B 处会累计比 A 处较多的热量,而 D 处热量比 C 处少。因此,在反射模式下,缺陷区域会显示较高温度;穿透模式下,缺陷区域会显示较低的温度。

3）厚度影响

由式(10.4)可知,厚度越大,产生的涡流热量越小。这一结论有助于对厚度的测试。

以上的分析和结论是基于各向同性的理想材料。实际上,碳纤维复合材料最大的特点就是非均匀性和各向异性,因此在缺陷评估过程中应充分考虑碳纤维结构和层状结构的影响。

2. 碳纤维复合材料中缺陷的识别方法

如图 10.3 所示为碳纤维复合材料层压板的基本结构。每一层含有碳纤维结构和基体,每一层的碳纤维可以为网状结构(编织),也可以为同向排列结构。同向排列情况下,相邻层之间的碳纤维走向不同,通常呈 0°/－45°/－90°/－

138

135°循环排列。由此可知，碳纤维复合材料层压板的细观结构是一个复杂的多相体系，而且是不均匀和多向异性的。

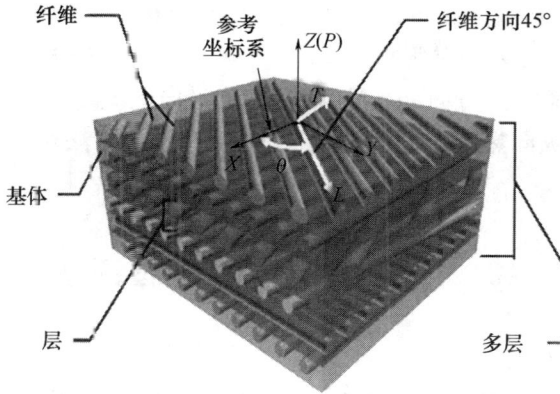

图 10.3　碳纤维复合材料层压板的结构

由于含有碳纤维结构和基体，碳纤维复合材料中缺陷的检测机理与 10.1.1 节分析的理想各向同性材料是不同的。以下分别讨论碳纤维结构和不同缺陷的识别表征方法。

（1）碳纤维结构。低模量和高模量碳纤维一般具有 40000 S/m 和 190000 S/m 的电导率[166]。基体材料一般为非导体聚合物。因此，碳纤维复合材料整体表现为较低的电导率。在涡流脉冲热成像检测中，碳纤维结构的导电性和基体材料的绝缘性造成了碳纤维结构首先被涡流加热，而基体材料的热量则间接来源于纤维结构。因此可以推断，在早期加热阶段，碳纤维结构显示较高温度，而基体显示较低温度。随着热传递过程，基体的温度会逐渐升高。最终，基体和碳纤维结构的温度将趋于一致。

（2）撞击缺陷。图 10.4 所示为碳纤维复合材料中撞击缺陷的示意图。当较低速低能量的外界物体撞击到表面时，会在表面造成凹坑。当较高速较高能

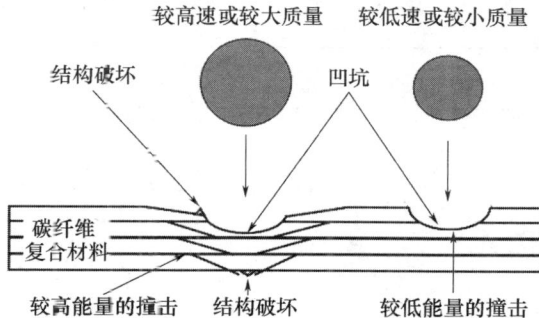

图 10.4　撞击示意图

量的物体撞击碳纤维复合材料表面时,除了在表面留下凹坑,还会在表面凹坑之外和背面造成结构破坏。破坏的碳纤维结构会导致较大的电阻率(较小的电导率)。因此涡流会在此处汇集,并产生更多热量。因此可以推断撞击区域结构被破坏的地方会显示较高的温度。

（3）分层缺陷。一方面,分层缺陷会影响横向涡流场的分布;另一方面,分层缺陷又会影响纵向热传递过程。接下来将采用实验方法对模拟的分层缺陷进行研究。

10.2　分层缺陷的检测评估

1. 分层缺陷试件介绍

带有分层(分离)缺陷的碳纤维复合材料试件的照片和示意图如图 10.5 所示。该试件由 ALSTOM 公司提供。试件的横向尺寸为 300mm × 10mm。从左到右,试件含有 6 个不同厚度的区域,厚度分别为 3.48mm、2.97mm、2.5mm、2mm、1.57mm 和 1mm。每个区域有两个人工插入的分层缺陷,材料为聚四氟乙烯(polytetrafluoroethylene),横向尺寸分别为 36mm^2 和 100mm^2。分层缺陷离底面有相同的距离(0.5mm),离正面的距离不同。也就是说,缺陷的深度依次为 3mm、2.5mm、2mm、1.5mm、1mm 和 0.5mm。

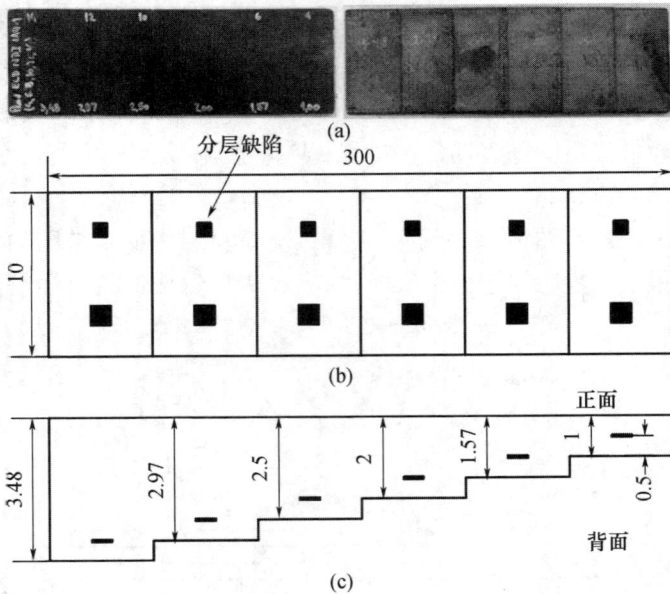

图 10.5　带有分层缺陷的复合材料试件
（a）实物图:正面,背面;（b）顶视图;（c）侧视图。

2. 反射模式实验结果

2mm 厚度处的 100mm² 的分层缺陷首先被测试。加热时间为 200ms，热成像记录时间为 500ms。图 10.6 所示为该分层缺陷区域在加热 25ms 时的热像图。图 10.7 所示为该分层缺陷区域在冷却阶段 500ms 时的热像图。可见在加热的早期阶段，热像图上只能观察出周期性的，由碳纤维结构导致的高亮区域。在冷却阶段，由于碳纤维结构与基体的温度趋于一致，碳纤维结构无法观察出来。此时，在分层缺陷区域显示了较低的温度。

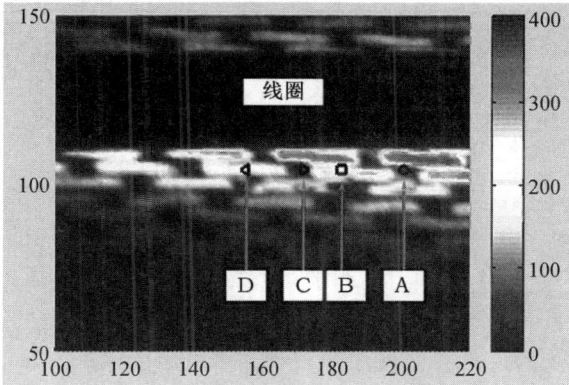

图 10.5　反射模式下 25ms 时的热像图

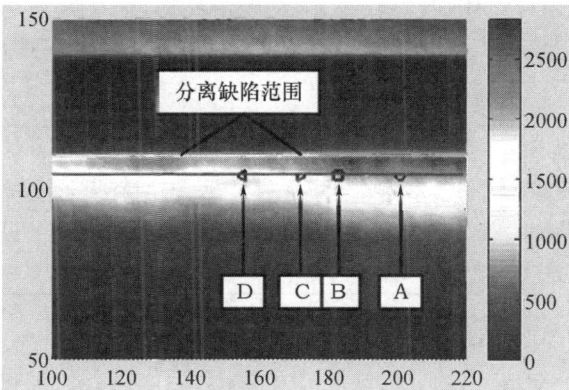

图 10.7　反射模式下 500ms 时的热像图

为了更好地观察分层缺陷的"低温"特征，图 10.8(a)给出了图 10.7 中横跨分层缺陷的直线在不同时刻的温度分布。在 25ms 时，温度曲线(虚线)只显示了周期性的纤维结构，纤维结构显示较高温度，而基体显示较低温度；200ms 时，随着焦耳热量的增加，纤维和基体的温度进一步升高，但是温度曲线(实线)仍然只显示周期性的碳纤维结构；200ms 后，停止加热，纤维结构和基体的温度趋于一致。在 500ms 时，温度曲线(点线)显示了碳纤维和基体间的温度差异基本消失。此时，分层区域显示了较低的温度。

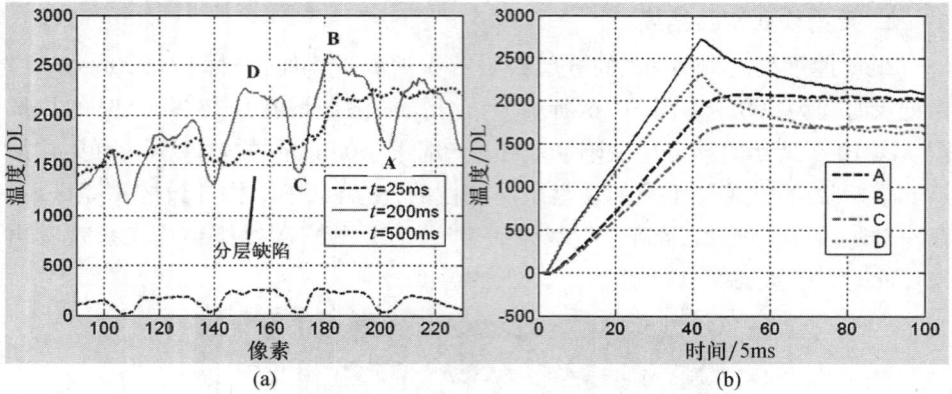

图 10.8　不同时刻的温度和不同点的温度瞬态曲线

分层缺陷区域既有碳纤维结构又有基体,二者的温度变化存在很大差异。为了更好地观测缺陷区域和无缺陷区域的碳纤维结构和基体的温度变化,在图10.7 中选择四个点 A、B、C 和 D。四个点的位置如表 10.1 所列。图 10.8(b)显示了这四个点的温度瞬态曲线。由图可知,在加热的早期阶段,位于基体的两个点 A 和 C 的曲线较为一致,而位于碳纤维结构的两个点 B 和 D 的曲线较为一致。这体现了加热阶段,尤其是早期阶段,主要显示碳纤维结构与基体的差异;在冷却阶段,无缺陷区域的两个点 A 和 B 的曲线较为一致,而分层缺陷区域的两个点 C 和 D 的曲线较为一致,这体现了冷却阶段主要显示缺陷的信息。

表 10.1　分层缺陷试件上不同点的位置

点名称	位置 (碳纤维或基体)	位置 (缺陷或无缺陷)	点名称	位置 (碳纤维或基体)	位置 (缺陷或无缺陷)
A	基体	无缺陷区域	C	基体	分层缺陷区域
B	碳纤维	无缺陷区域	D	碳纤维	分层缺陷区域

3. 穿透模式实验结果

2mm 厚度处 $100mm^2$ 的分层缺陷在穿透模式下被测试,加热时间为 200ms,热像仪记录时间为 1s。图 10.9 所示为 25ms 时分层缺陷区域的热像图。图10.10所示为冷却阶段 500ms 时的热像图。与反射模式下的检测结果相同,在加热的早期阶段(25ms),在热像图上只能观察出显示为周期性高亮区域的碳纤维结构。在冷却阶段,碳纤维结构与基体的温度趋于一致,无法观察出碳纤维结构。此时,分层缺陷区域显示了较低的温度。

图 10.11 所示为图 10.10 中横跨分层缺陷的直线在不同时刻的温度。在25ms 时,温度曲线(实线)只显示周期性的纤维结构,纤维结构显示较高温度,而基体显示较低温度;200ms 时,随着热量的增加,纤维和基体的温度进一步增

142

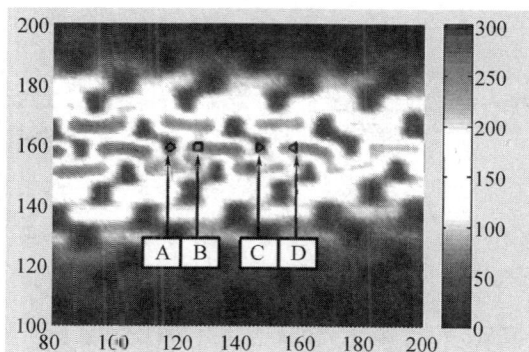

图 10.9 穿透模式下 25ms 时的热像图

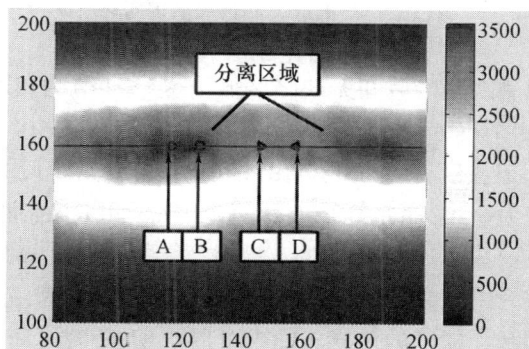

图 10.10 穿透模式下 500ms 时的热像图

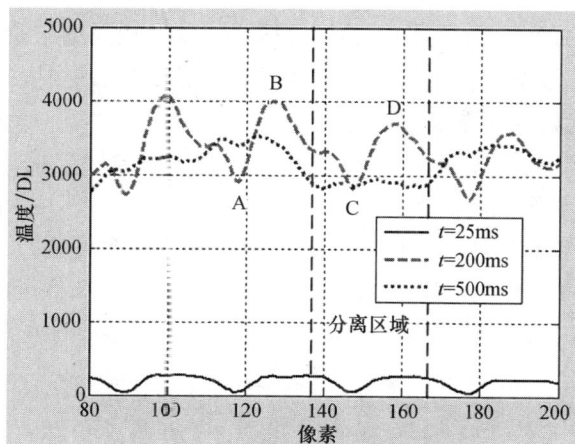

图 10.11 不同时刻的温度轮廓

高,但是温度曲线(虚线)仍然只显示周期性的结构;在 500ms 时,温度曲线(点线)显示了碳纤维和基体的温度基本一致。此时,分层区域显示为较低的温度。这个结果与反射模式下的结果基本一致。

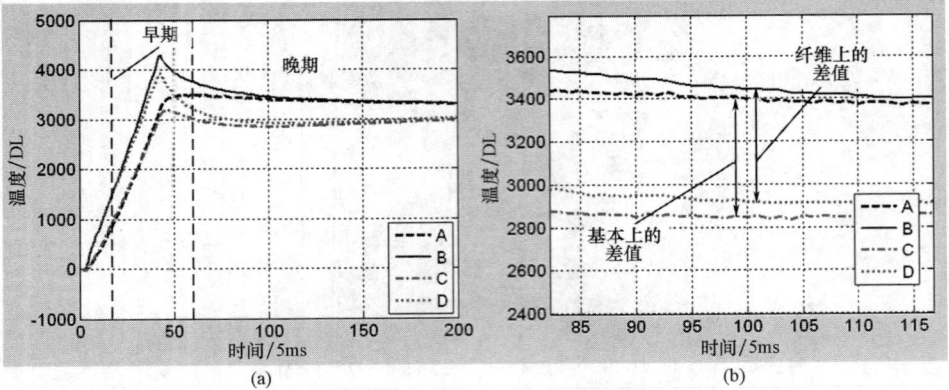

图 10.12　不同点的瞬态温度曲线

为了更好地观测缺陷区域和无缺陷区域内碳纤维结构和基体的温度变化，在图 10.9 中选择四个点 A,B,C 和 D。四个点的位置如表 10.1 所示。图 10.12 显示了四个点的瞬态温度变化曲线。由图可知，在加热阶段，基体上的两个点（A 和 C）的曲线较为一致，而碳纤维上的两个点（B 和 D）的曲线较为一致。这体现了加热阶段主要显示碳纤维结构与基体的差异；在冷却阶段，无缺陷区域（A 和 B）的曲线较为一致，而缺陷区域（C 和 D）的曲线较为一致，这体现了冷却阶段主要显示缺陷和无缺陷的差异。同时可以发现，随着时间的延长，缺陷区域（C 和 D）的温度与无缺陷区域（A 和 B）的温度差越来越小，最终趋于一致，达到热平衡状态。

比较反射模式和穿透模式的结果，可以得出基本相同的结论。但是，在反射模式下，线圈会阻碍热像仪的视线，也会阻挡分层缺陷区域温度的变化。

4. 缺陷深度和试件厚度的测试

为了衡量缺陷的深度对温度的影响，使用某一时刻缺陷区域和无缺陷区域分别在基体上和纤维上的温度差值作为特征值。图 10.12(b) 所示为 500ms 时基体上的温度差值和纤维上的温度差值。依次对不同厚度区域 $100mm^2$ 的分层缺陷进行检测，并提取差值。缺陷的深度依次为 3mm、2.5mm、2mm、1.5mm、1mm 和 0.5mm。差值与缺陷深度的关系如图 10.13 所示，曲线为使用式(10.5) 所示的指数函数进行拟合的结果。可见，差值与深度的关系基本符合指数关系。

$$T = ae^{bx} \tag{10.5}$$

式中：T 为温度差值；x 为缺陷深度。

在穿透模式下对不同厚度的无缺陷区域进行测试，并提取 200ms 和 500ms 时碳纤维上的最大温度。图 10.14 显示为不同厚度的无缺陷区域纤维上的最大温度与厚度的关系。曲线为采用式(10.5) 所示的指数函数的拟合曲线。可见，随着厚度的增加，温度基本呈指数规律衰减。这与式(10.4) 的结果相一致。

144

差值与缺陷深度的关系

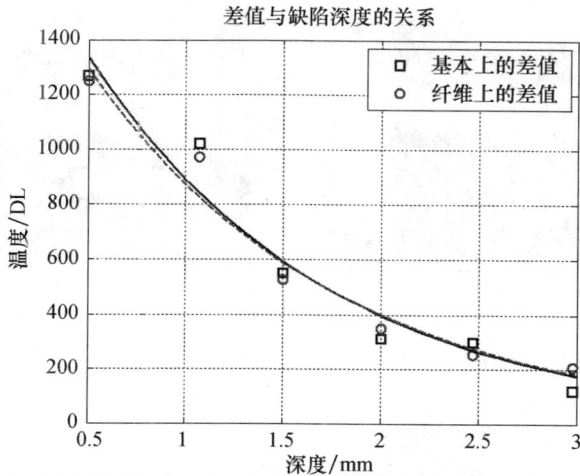

图 10.13　缺陷深度与温度的关系

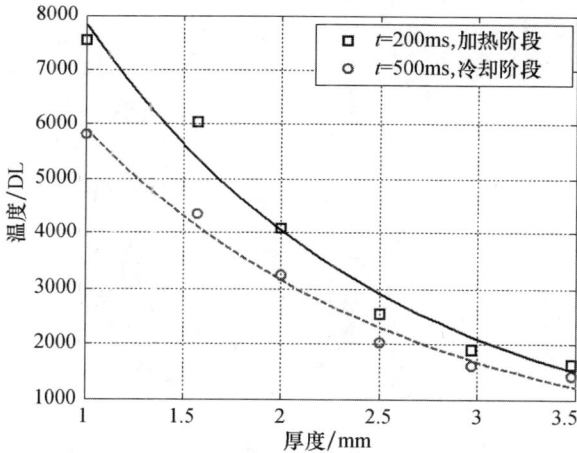

图 10.14　不同厚度的纤维温度

图 10.13 和图 10.14 的结果说明了,由式(10.4)得到的结论"随着深度 z 的增加,涡流热 Q_z 呈指数规律衰减"有助于缺陷深度和试件厚度的定量。

5. 图像重构结果

图 10.15 所示为 2mm 厚度区域的 $100mm^2$ 和 $36mm^2$ 分层缺陷在 500ms 时的热像图。分层缺陷虽然显示为较暗的温度区域,但是可显示性不强。尤其是受线圈不均匀加热的影响,如果缺陷处于高温区域的边缘,将很难识别。

使用基于统计分析的图像重构方法对原始数据进行处理。在重构之前,根据碳纤维复合材料中缺陷的特征对该方法进行改进。上面的结果说明了:在加热的早期阶段主要显示碳纤维和基体的差异,而在冷却阶段主要显示缺陷与无

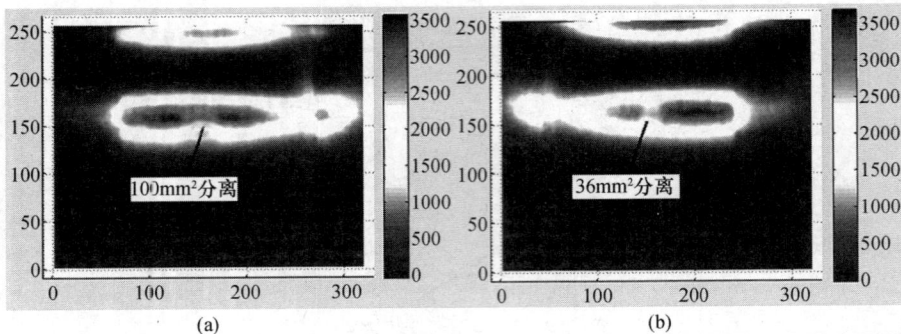

图 10.15　两个分层缺陷在 500ms 时的热像图

缺陷的差异。因此,选择冷却阶段的数据作为输入,然后分别采用主成分分析(PCA)和独立成分分析(ICA)来对选择的输入数据进行重构。

图 10.16 所示为采用 PCA 重构的图像。图 10.17 所示为采用 ICA 重构的图像。很明显,基于统计分析的图像重构方法消除了线圈导致的高温区域,因此缺陷可以更好地被识别。

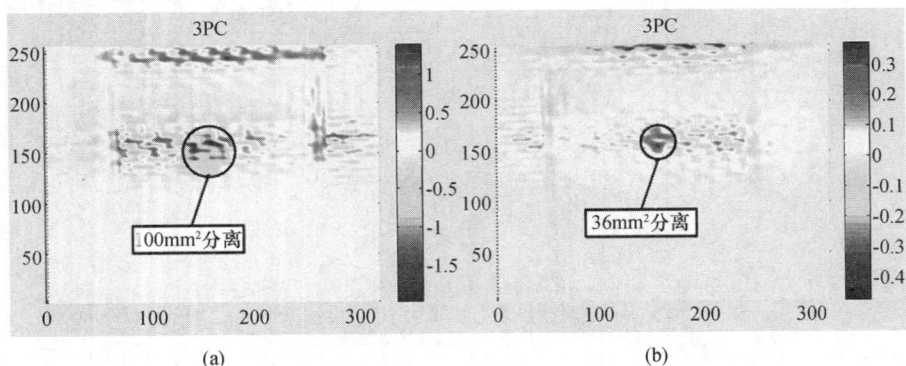

图 10.16　两个分层缺陷使用 PCA 重构的结果

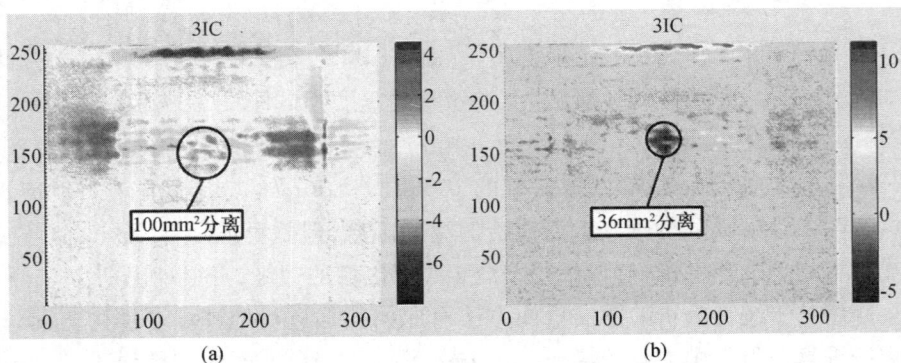

图 10.17　两个分层缺陷使用 ICA 重构的结果

10.3 低能量撞击损伤的检测评估

1. 低能量撞击试件介绍

图 10.18 所示为 CFRP 撞击缺陷试件。试件材料由 12 层 5HS 碳纤维编织组成,具有准各向同性分布性能[167]。聚合体基体材料为聚亚苯基硫醚(Polyphenylene Sulphide, PPS),它是一种热塑性树脂材料[168]。材料的体积比为 0.5 ± 0.03,密度为 $1460 kg/m^3$。每块试件的尺寸为 $100mm \times 150mm$,平均厚度为 $(3.78 \pm 0.05)mm$。试件由荷兰 TenCate Advanced Composites 公司生产制造。

图 10.18 碳纤维复合材料(CFRP)撞击缺陷试件

在试件上加工了不同能量(2J, 4J, 6J, 8J, 10J, 12J)的撞击缺陷。采用英国 VTECH smt 公司的显微镜对撞击缺陷进行观察。图 10.19 显示了 12J 撞击缺陷的正面与背面。可以看出撞击首先会在撞击点造成一个凹坑,12J 撞击缺陷

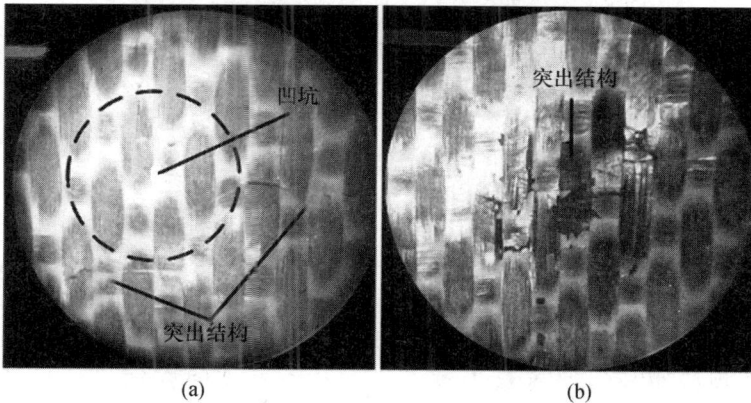

图 10.19 撞击缺陷(12J)的显微镜图像
(a)撞击正面;(b)撞击背面。

留下的凹坑在最深处大约为 0.23mm。其次,由于撞击会破坏碳纤维结构,会在撞击点边缘及外沿造成突出结构。较大能量的撞击会破坏整个试件,在试件背面造成突出结构,如图 10.19(b)所示。

2. 反射模式实验结果

首先采用 10J 撞击试件作为检测对象。加热时间为 200ms,红外热像仪记录 200ms 的加热时间和随后 300ms 的冷却时间。图 10.20 所示为撞击正面在 200ms 时的热像图。可见,在撞击缺陷边缘部位显示弧形的高温区域。图 10.21 所示为撞击背面在 200ms 时的热像图。图 10.21 中几个亮点表示了被破坏的纤维结构,它们位于图 10.20 的圆弧状区域之内。

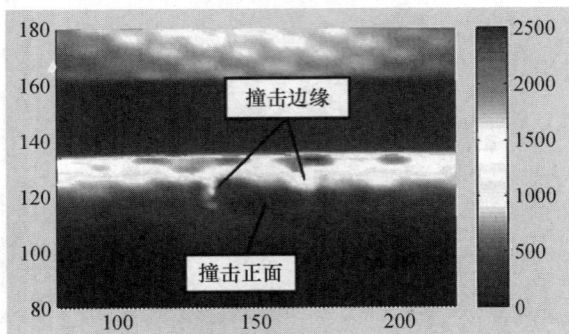

图 10.20　撞击缺陷(10J)正面在 200ms 时的热像图

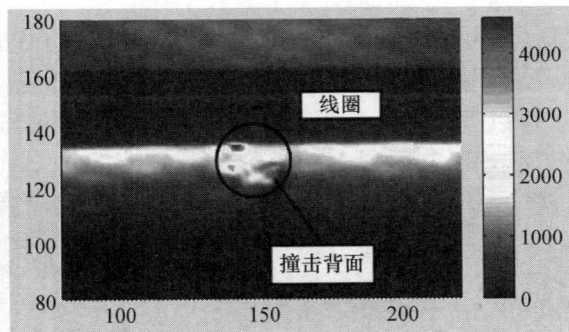

图 10.21　撞击缺陷(10J)背面在 200ms 时的热像图

3. 穿透模式实验结果

10J 撞击缺陷在穿透模式下被检测。加热时间为 1s,红外热像仪记录 1s 的加热阶段和随后 500ms 的冷却阶段。图 10.22 为撞击背面在 50ms 时的热像图。分布规律的"亮点"表示为碳纤维结构。这表明在加热的早期主要显示碳纤维结构与基体的差异。同时,撞击缺陷部位的几个"亮点"较为异常,比正常区域的"亮点"更明显。图 10.23 为撞击正面在 1s 时的热像图。

随着碳纤维结构与基体温度的传递,碳纤维造成的"亮点"基本消失。值得注意的是,在撞击缺陷边缘部位显示出弧形的高温区域。该特征可明确判断撞击缺陷的存在。图 10.24 为撞击背面在 1s 时的热像图,被破坏的纤维结构造成的几个亮点呈集中分布。

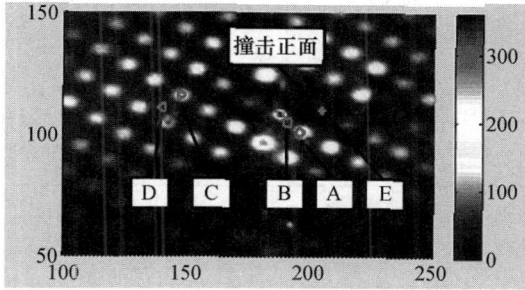

图 10.22　撞击背面在 50ms 时的热像图

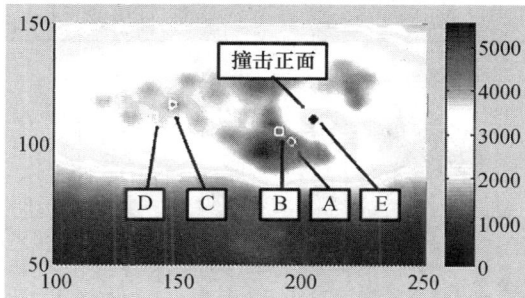

图 10.23　撞击正面在 1s 时的热像图

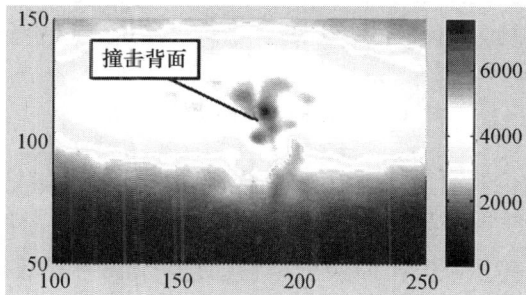

图 10.24　撞击背面在 1s 时的热像图

　　比较反射模式和穿透模式下的检测结果,可以发现,在反射模式下,线圈会阻挡热像仪的视线。因此,后文对撞击缺陷的分析集中在穿透模式检测模式下。

　　为了更好地观测缺陷区域和无缺陷区域内碳纤维结构和基体的温度变化,在图 10.23 中选择五个点 A、B、C、D 和 E。五个点的位置如表 10.2 所列。图

10.25 显示了不同点的瞬态温度变化曲线。在早期的加热阶段,碳纤维上的两个点(A 和 C)的温度响应较为一致,而基体上的两个点(B 和 D)的温度响应较为一致。这体现了在早期加热阶段主要显示碳纤维结构。在随后的加热阶段,撞击缺陷的作用开始凸显。撞击边缘(A 和 B)的温度响应开始一致,而无缺陷区域(C 和 D)的温度响应较为一致。这个状态一直持续到冷却阶段。这体现出,缺陷的信息主要存在于晚期的加热阶段和冷却阶段。另外,可以发现 E 点的温度始终低于碳纤维的温度和缺陷边缘的温度。

表 10.2 撞击缺陷试件上不同点的位置

点名称	位置 (碳纤维或基体)	位置 (缺陷或无缺陷)	点名称	位置 (碳纤维或基体)	位置 (缺陷或无缺陷)
A	碳纤维	撞击边缘	D	基体	无缺陷区域
B	基体	撞击边缘	E	基体	撞击中央
C	碳纤维	无缺陷区域			

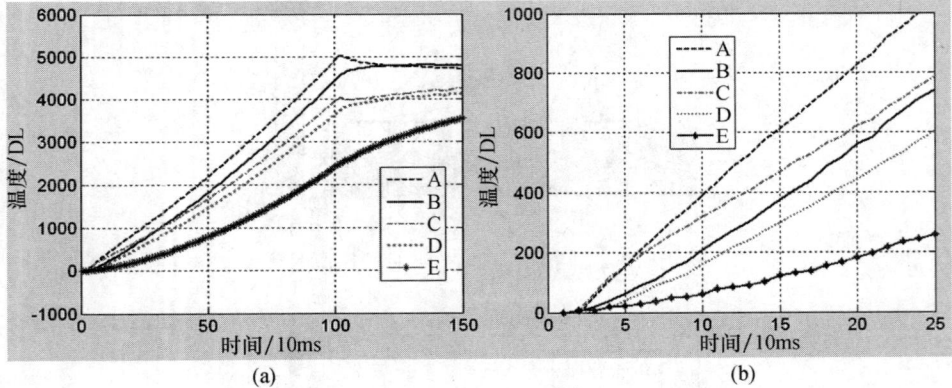

图 10.25 不同点的温度瞬态响应

其他撞击缺陷(2J、4J、6J、8J 和 12J)依次在穿透模式下被检测。加热时间为 1s,红外热像仪记录 1s 的加热阶段和随后 500ms 的冷却阶段。图 10.26 所示为 4J、6J、8J 和 12J 撞击缺陷正面检测结果(2J 撞击没有导致缺陷,此处没有提供实验结果)。可以发现,在原始的热成像数据中,4J 撞击缺陷无法检测;6J 和 8J 撞击缺陷可产生碳纤维破坏;10J 和 12J 撞击缺陷可产生圆弧状的高温区域。

4. 图像重构结果

为了更好地观测不同能量的撞击缺陷对碳纤维复合材料的破坏,采用基于统计分析的图像重构方法对原始数据进行重构。根据前文所得结论,选择加热晚期阶段的数据作为该方法的输入。

图 10.27 所示为进行主成分分析后,采用第二主成分对 6J、8J、10J 和 12J 撞

150

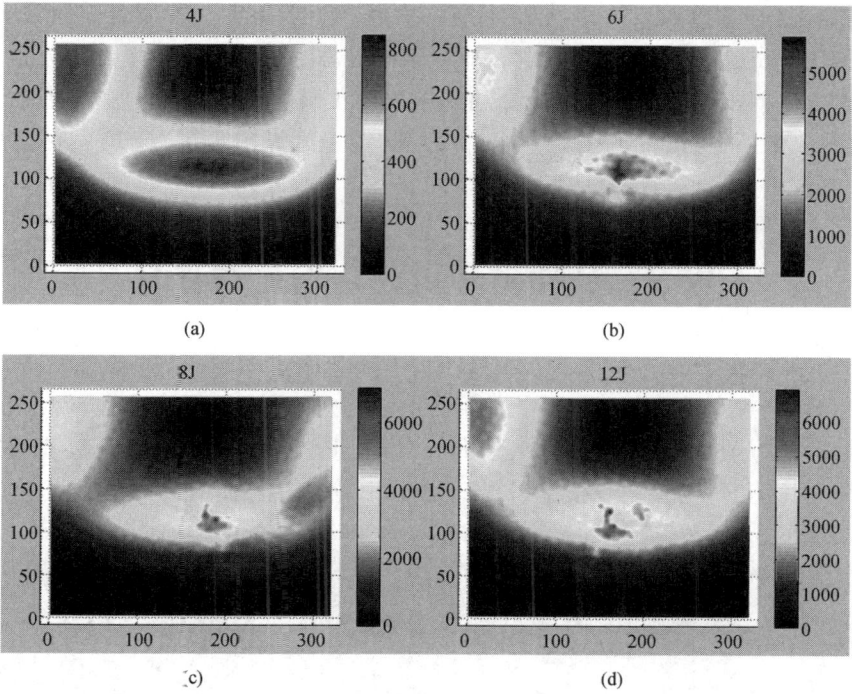

图 10.26 不同撞击正面的热像图

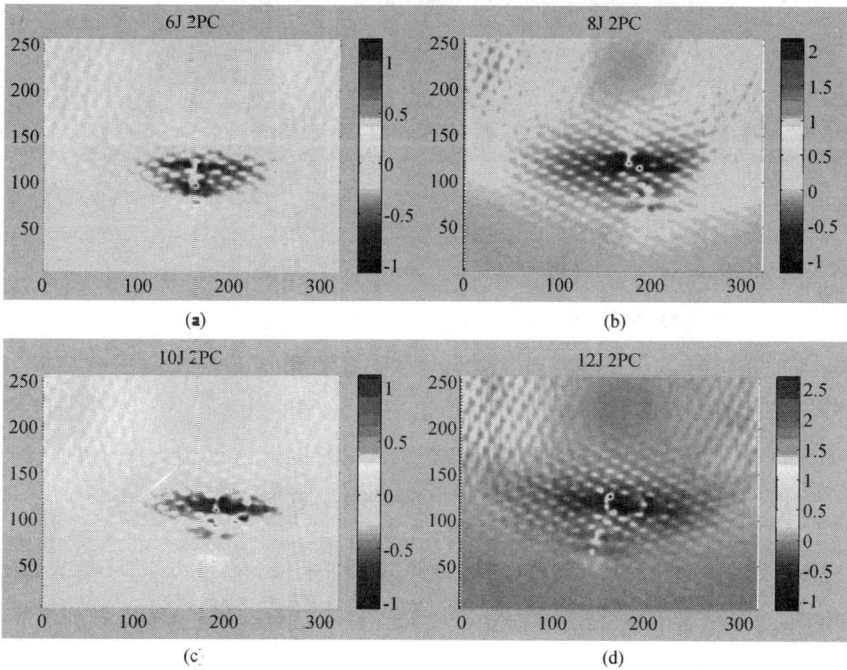

图 10.27 使用 PCA 重构的撞击区域热像图

击缺陷进行重构的结果。首先,线圈造成的不均匀性在很大程度上被消除了,这就更有利于缺陷的识别。其次,6J和8J缺陷破坏的碳纤维结构呈点状分布。而10J和12J撞击缺陷导致弧形状高温区域表明被破坏的纤维结构主要集中于撞击边缘。最后,可以发现在每个撞击缺陷的周边区域出现了"暗斑",可以推测是撞击缺陷导致的分层或脱胶区域。

10.4　高能量撞击损伤的检测评估

1. 高能量撞击试件介绍

高能量撞击缺陷可以导致一些附带的缺陷,如裂纹、分层等。本节对碳纤维增强塑料层压板的高能量撞击缺陷进行检测。图10.28所示为带有高能量撞击缺陷试件的正面与背面。根据目视观测可知,撞击在正面造成一个凹坑,在背面造成了裂纹。另外,突出的区域暗示了内部也产生了分层缺陷[95]。

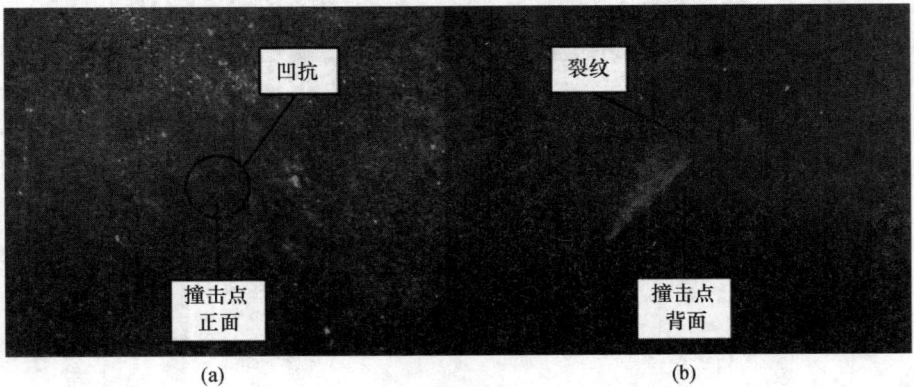

图 10.28　高能量撞击缺陷照片

2. 结果与讨论

本节使用涡流脉冲热成像技术对高能量撞击缺陷进行检测。加热时间为200ms,红外热像仪记录200ms的加热阶段和随后300ms的冷却阶段。图10.29所示为撞击背面在200ms时的热像图。撞击点和裂纹导致的高温区域清晰可见。

采用基于统计分析的图像重构方法对原始数据进行处理。图10.30为进行主成分分析后,采用第一、第三主成分重构的撞击背面结果。在10.30(a)中,只有线圈、撞击点和裂纹可见;在图10.30(b)中,第一层和第二层相互垂直的纤维结构清晰可见。

图10.31为采用第四、第五主成分重构的撞击缺陷背面的结果。在图10.31(a)中,纤维结构被全部消除,只有裂纹和线圈可见;在图10.31(b)中,撞击点周围出现分层区域(分离区域)也清晰可见。

图 10.29　撞击背面在 200ms 时的热像图

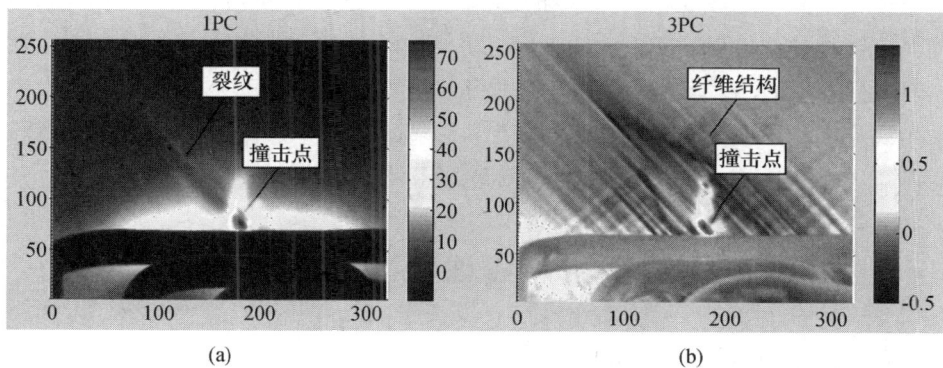

(a)

(b)

图 10.30　使用第一主成分和第三主成分的结果

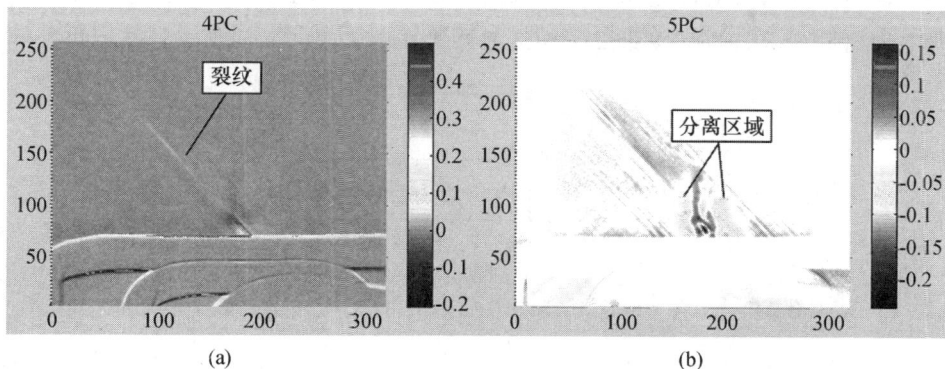

(a)

(b)

图 10.31　使用第四第五主成分重构的结果

实验结果与分析表明：

（1）高能量撞击缺陷不仅可以造成凹坑,还可以造成裂纹和分层缺陷。

（2）使用基于统计分析的图像重构方法可以有效评估撞击缺陷所带来的损伤。

第11章　涡流锁相热成像检测技术

锁相式热成像检测技术是热成像领域的一个主要分支。日本大阪大学的学者早在20世纪90年代就对涡流锁相热成像检测技术进行了研究,提出了基于奇异场(Singular Current Field)的缺陷特征识别方法[84]。德国斯图加特大学在研究锁相式光学热成像检测技术和锁相式超声热成像检测技术的基础上,研究了涡流锁相热成像(Eddy Current Lock - in Themography)检测技术[73, 74],对金属材料、黏结结构及智能结构中的缺陷进行了检测评估。德国德累斯顿工业大学采用涡流锁相热成像检测技术,开展了印制电路板的检测研究工作[75]。本章将对涡流锁相热成像检测技术的基本原理、技术特点及应用进行介绍。

11.1　涡流锁相热成像检测技术基本原理

1. 基本原理

涡流锁相热成像检测技术的基本原理如图11.1所示。首先,激励模块产生一个较高频率的交流信号和一个低频的调制信号,并把二者进行幅度调制以形成激励信号;其次,激励模块把激励信号施加给激励线圈,对被检对象进行感应

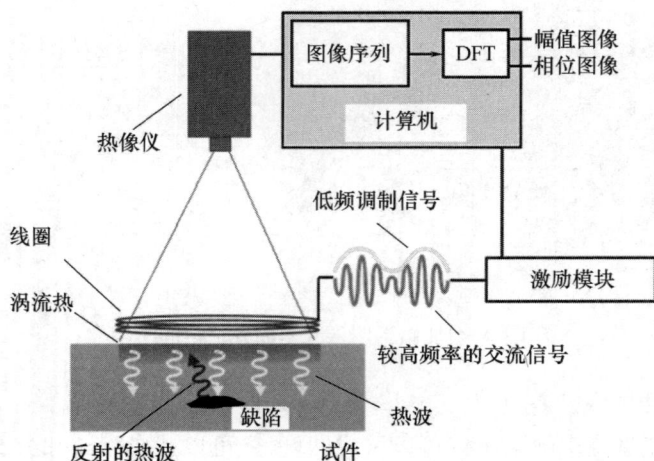

图11.1　涡流锁相热成像原理示意图

154

加热;然后,热像仪记录被检材料表面的温度变化;最后,对热像仪记录的温度数据进行傅里叶变换,得到幅值和相位图像。

　　涡流锁相热成像的缺陷检测原理如图 11.2 所示。激励信号是由低频正弦信号对高频交流信号进行幅度调制而形成的,如图 11.2 右下角所示。调制之后的激励信号将会在导体材料中产生周期性变化的涡流场,进而产生周期性变化的热波,该热波将向四周传递,如图 11.2 左图所示。当经过无缺陷部位(点1)时,被检物体表面的温度信号是周期性变化的,如图 11.2 右上角的 1 号曲线所示。当热波经过缺陷区域(点2)时,被检物体表面温度信号的幅度和相位将会发生变化,如图 11.2 右上角的 2 号曲线所示。通过傅里叶变换提取无缺陷区域(点1)和缺陷区域(点2)的差异,就可以获得缺陷信息。

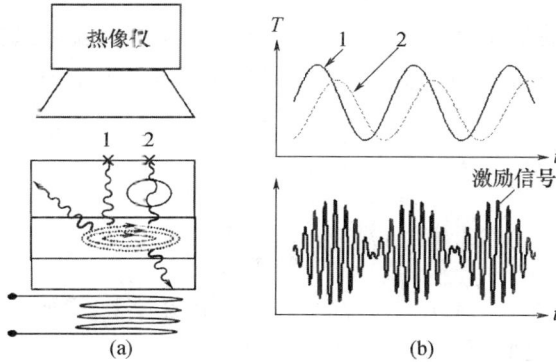

图 11.2　涡流锁相热成像的激励信号和表面温度信号

　　涡流热成像的数据处理示意图如图 11.3 所示。热像仪记录的信号是三维的温度序列,如图 11.3 左图所示。采用离散傅里叶变换处理所有像素点的温度

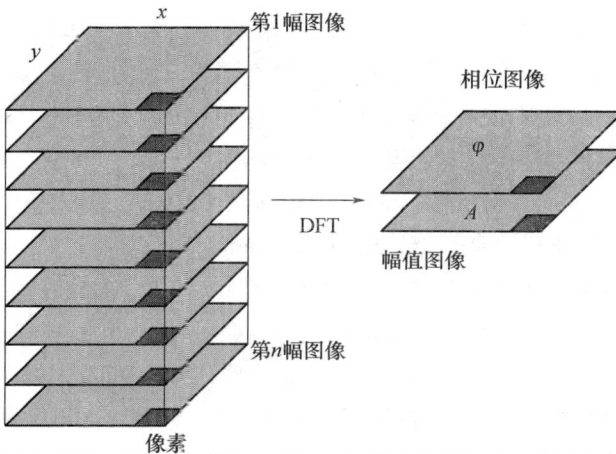

图 11.3　涡流锁相热成像数据处理示意图

155

序列,获得每个像素点在调制频率处的幅值和相位信息。再构成新的幅值和相位图像,也称为幅值谱图和相位谱图,如图11.3右图所示。对幅值谱图和相位谱图进行分析,就可以直观的发现是否存在缺陷。

2. 影响因素分析

涡流锁相热成像的检测能力与锁相频率$f_{lock-in}$及电流(涡流)频率f_{ind}具有本质的联系。从一维热波传播的角度出发,表面温度随时间变化的关系可表示为

$$T(z,t) = T_0 e^{-\frac{z}{\mu_{th}}} e^{i\left(-\omega t \frac{z}{\mu_{th}}\right)} \qquad (11.1)$$

式中:z 为距表面的距离;μ_{th}为热波透入深度,它可以表示为

$$\mu_{th} = \sqrt{\frac{2\alpha}{\omega_{lock-in}}} = \sqrt{\frac{\alpha}{\pi f_{lock-in}}} \qquad (11.2)$$

从涡流加热的角度出发,被检物体的初始温度可以通过涡流频率和材料电属性来确定。距表面 z 处的感应加热的初始温度可以表示为

$$T_0(z) = T_0 e^{-\frac{z}{d_{skin}}} \qquad (11.3)$$

式中:d_{skin}为涡流集肤深度,它可以表示为

$$d_{skin} = \sqrt{\frac{1}{\pi f_{ind} \mu \sigma}} \qquad (11.4)$$

由以上公式可知,材料的电属性、热属性、涡流频率、锁相频率都会影响被检物体的表面温度,进而影响实际检测效果。

3. 锁相频率的影响

实际检测中,被检材料的电属性和热属性可以看做是不变的。那么,影响涡流锁相热成像检测能力的主要因素就是涡流频率与锁相频率。一般而言,涡流集肤深度通常远小于热波透入深度。因此,涡流锁相热成像的检测深度与锁相频率有直接的关系。由式(11.2)可知,锁相频率越大,可检测深度越小。在实际检测中,可以设置合适的锁相频率来获得不同深度的缺陷信息。

以下将通过实验来说明设置不同锁相频率的作用。图11.4(a)所示为带有平底孔的铝试件,底部分别有6组平底孔。从左到右,6组平底孔的剩余厚度分别为 0.5mm、1.0mm、1.5mm、2.0mm、2.5mm 和 3.0mm。每组包含 5 个不同直径的平底孔,直径分别为 8mm、6mm、4mm、3mm 和 2mm。

首先采用100kHz的涡流频率和1Hz的锁相频率对试件进行检测。结果如图11.4(b)所示,剩余厚度为 0.5mm 和 1mm 的平底孔可以被检测出来。按照集肤深度公式,100kHz 的涡流对应的检测深度仅为 0.4mm。可见,涡流锁相热成像的检测深度并不取决于涡流的集肤深度。采用 100kHz 的涡流频率和 0.25Hz的锁相频率重复实验。结果如图11.4(c)所示,剩余厚度为 1.5mm 的平底孔也可以检测出来。可见,涡流锁相热成像的检测深度与锁相频率具有反比

关系,锁相频率越低,检测深度越大[74]。

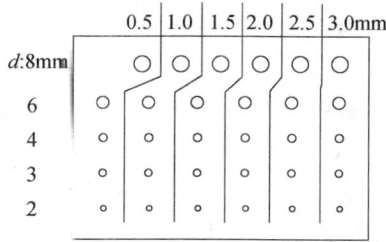

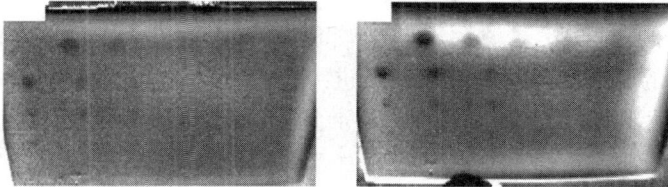

图 11.4　带有平底孔的铝试件和不同锁相频率下的热像图

11.2　典型涡流锁相热成像检测系统

德国斯图加特大学开发了一套涡流锁相热成像检测系统。如图 11.5 所示,成像设备采用 CEDIP – Emerald 公司中波(3 ~ 5μm)红外热像仪,检测像素为640×512,采集频率 50Hz。感应加热系统功率为 1.5 kW,频率范围 30 ~ 300 kHz。系统还包括水冷却装置和热交换装置。感应线圈覆盖一层隔热膜以避免热反射[73]。在实际检测中,系统既可配置为反射模式,即感应线圈和红外摄像

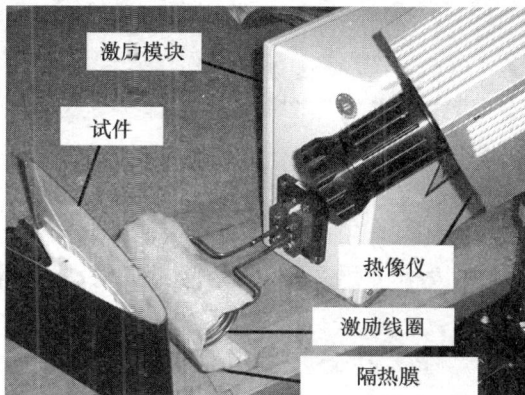

图 11.5　德国斯图加特大学开发的涡流锁相热成像检测系统

仪放置于检测试件的同一面,也可配置为穿透模式,即感应线圈和红外摄像仪放置于检测试件的两面。该系统已应用于金属材料的裂纹检测、焊接测试和碳纤维复合材料检测。

德国 edevis 公司开发了一套涡流锁相热成像检测系统。激励频率范围为 8~30 kHz,功率可高达 10kW。热像仪的敏感波长为 3~5μm,阵列单元为320 × 256 或者 640 × 512,噪声等效温差(NETD)为 16mK。全像素采集频率为 380Hz,子窗口采集频率可达 10kHz。该系统可进行实时傅里叶变换。

日本大阪大学开发了一套涡流锁相热成像检测系统。图 11.6 为他们的设计框图。一个双通道信号源用于产生较高频率(250kHz)的交流电信号和低频(0.5~5Hz)的调制信号。这两个信号进行幅值调制,形成激励信号。激励信号被高速功率放大器放大后,被施加于平面螺旋形激励线圈,该激励线圈使用直径 100mm 的铜管制作而成。把激励线圈置于被检材料上方,对被检材料进行非接触感应加热。采用红外热像仪 Raytheon Radiance HS 记录被检物体的表面温度,并传输给锁相处理电路。锁相处理电路采用低频调制信号对温度信号进行数字锁相处理,获得温度信号的幅值和相位信息,并传输给计算机进行显示,以便由操作者判断是否存在缺陷,并对缺陷进行评估[84]。

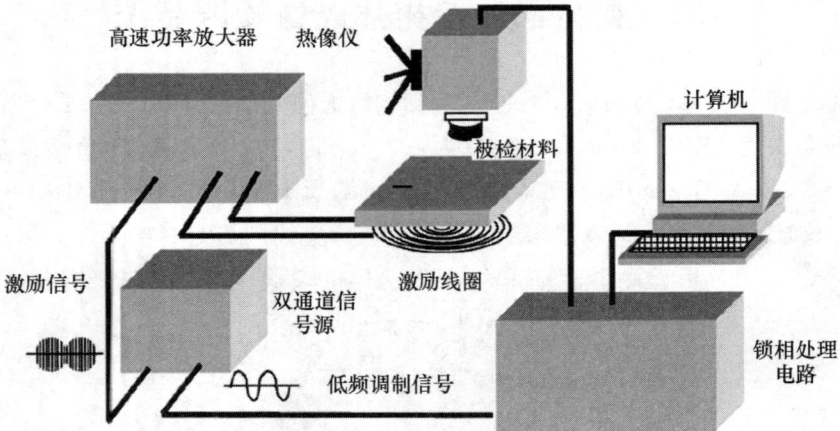

图 11.6 日本大阪大学设计的涡流锁相热成像系统框图

11.3 导电材料及结构的检测评估

涡流锁相热成像检测技术在金属、新型导电类复合材料、黏结结构及智能结构的检测评估中都得到了应用。以下分别通过几个实例来说明涡流锁相热成像检测技术的适用性及其优势[73,74]。

1. 铁磁性材料

传统的涡流检测技术受集肤效应限制,对铁磁性材料的检测深度非常小。使用涡流锁相热成像技术可以有效提高检测深度。

图 11.7(a) 所示为 7mm 厚的钢板。在其表面加工了 8 个狭槽,标号为 1 ~ 8,深度分别为 6.96mm、6.95mm、6.93mm、6.92mm、5.9mm、4.9mm、3.9mm 和 2.9mm,则狭槽部位的剩余厚度分别为 0.04mm、0.05mm、0.07mm、0.08mm、1.1mm、2.1mm、3.1mm 和 4.1mm。狭槽的宽度和长度保持一致,分别为 12mm 和 133mm。狭槽之间的距离为 20mm。

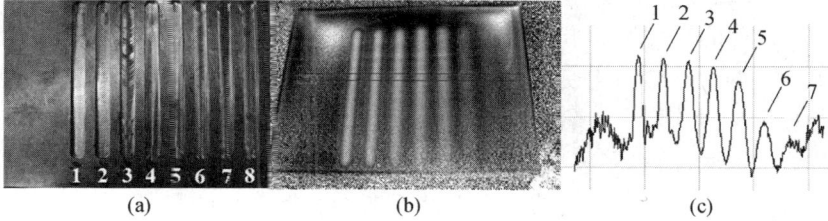

图 11.7　钢板试件及检测结果

使用反射法配置模式检测狭槽的背面,锁相频率为 1.0 Hz。图 11.7(b) 所示为检测结果的相位谱图,标号为 1 ~ 7 的狭缝显示为高亮区域。图 11.7(c) 为图 11.7(b) 中直线的温度轮廓曲线。同样,前 7 个狭槽可以被检测出来。对于钢材料,由式(11.2)估计的热波透入深度大约为 2.5mm。实验结果表明,可有效检测的狭槽剩余厚度范围为 0.04 ~ 3.1mm。理论估计的热波透入深度与实际检测深度基本一致。深入分析可以发现,前 4 个狭槽所引起的峰值比较接近,这是因为它们的剩余厚度差异比较小。第五个狭槽开始,峰值有了较大幅度的减小。由于第 8 个狭槽的剩余厚度 4.1mm 远超过估计的检测深度 2.5mm,它是无法检测的。实验结果充分说明了,涡流锁相热成像检测技术的检测深度远大于传统的涡流检测技术。

2. 铝合金材料

铝合金材料中缺陷的检测是传统涡流检测技术的典型应用之一。涡流锁相热成像技术可以在较短时间内对复杂结构进行检测,并以图像的方式显示检测结果。图 11.8(a) 为含有铆钉孔的铝合金部件(广泛应用于飞机机身蒙皮),在铆钉孔的周边出现了一些疲劳裂纹。因为裂纹的位置比较特殊,使用传统涡流检测技术检测这些裂纹是有一定困难的,必须设计专门的探头进行扫描式检测[169,170]。采用涡流锁相热成像检测技术对图 11.8(a) 中的铝合金部件进行检测,图 11.8(b) 所示为锁相频率 1.0Hz 时的相位检测结果。很明显,表面裂纹可以被轻易地发现。这个实例说明了涡流锁相热成像具有快速、方便、直观性好等优势。

159

图 11.8 飞机铝合金部件及检测结果

3. 黏结结构的检测

由于载荷的均匀性和方便应用,黏结结构正在逐渐代替航空领域的焊接结构和铆接结构。黏结结构使用中一个重要的问题是质量控制。涡流锁相热成像技术为检测黏结结构中缺陷的检测提供了一个很好的解决方案。图 11.9(a)为金属黏结结构试件,其底部为金属层,顶部中央也有一块 4mm 厚的金属层,二者通过黏结结合在一起。黏结结构的右侧为脱黏缺陷(Disbonded Area)。实验采用穿透式配置,锁相频率为 0.01Hz,激励时间为 1 分钟。图 11.9(b)为获得的相位图,可见黏结区域的相位有了较大的变化,据此可以识别出黏结区域。另外可以发现,黑色直线两边的相位也具有较大的差异,而这条黑线正是脱黏缺陷与完好区域的分界线。因为在脱黏区域(黑线右边),热波遇到了空气的阻碍,无法直接传播到顶部。因而,顶部脱黏区域的热量来自于周边区域的横向热传递。这种传递方式导致相位发生线性增大,如图 11.9(c)所示。这个实例充分说明了涡流锁相热成像检测技术在黏接结构检测评估中的适用性。

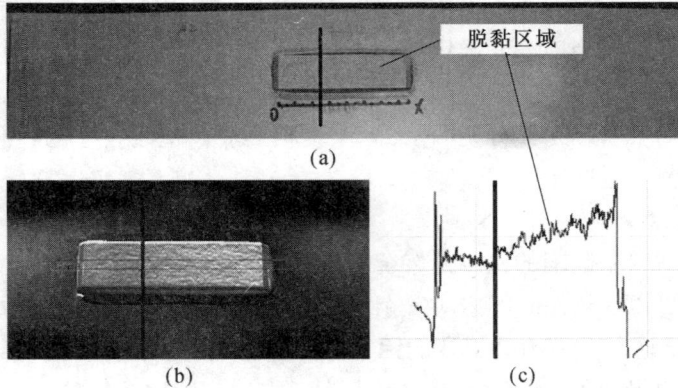

图 11.9 黏接结构及检测结果

4. 智能结构的检测

智能结构(Smart Structure),也称形状适应结构(Shape Adaptive),将在未来变得越来越重要。它嵌入了制动机构,可以调整结构的形状。它的一个主要应

160

用是飞机机翼,可以调整空气动力学属性,以适应飞机起飞、着落和航行。智能结构中主要的缺陷是分层(Delamination)和制动结构的损坏。图 11.10 所示为嵌入压电传感器的智能结构,结构体采用 CFRP 材料。白线框中含有一块嵌入的传感机构。一个 Teflon 箔片被嵌入传感机构和 CFRP 之间,以模拟脱黏缺陷。

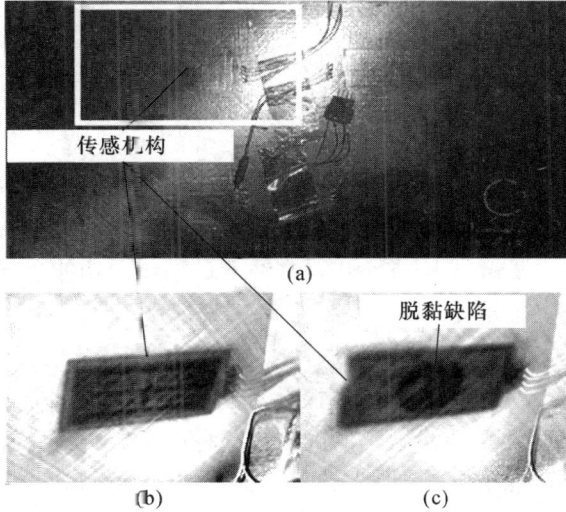

图 11.10　智能结构及检测结果

　　图 11.10(a)中的白线框区域为检测区域。实验分别了两个锁相频率 1.5Hz 和 0.5Hz。检测结果分别如图 11.10(b)和(c)所示。比较发现,由于传感机构处于较浅的深度,它在两个锁相频率的检测结果中都可见。但是,当锁相频率为 1.5Hz 时,在检测结果中无法发现脱黏缺陷。由前文可知,采用较低的锁相频率可以提高检测深度。采用 0.5Hz 锁相频率时,检测结果中可以发现脱黏缺陷。这个实验也说明了,采用不同的锁相频率可以表征不同深度的缺陷。

11.4　印制电路板的检测评估

　　通信、计算机、消费电子等产业的飞速发展,促进了印制电路板(Printed Circuit Board, PCB)产业的快速发展。据资料统计,全球 PCB 的产值约占电子元器件总产值的 18%,2001 年全球 PCB 产值达 460 亿美元。国内近几年 PCB 产业也在迅猛发展,多层板的产值 2002 年就达到 363.77 亿元人民币,在 2005 年以后更是超过了日本成为了 PCB 产业的第一生产大国。随着 IC 产业的突飞猛进、特种元器件的不断推出,元器件多功能化使得单位面积的引脚数大幅度地增加。PCB 产品也向着超薄型、小元件、高密度、细间距方向快速发展。线路板上元器件组装密度提高,PCB 的线宽间距、焊盘越来越细小,已到微米级,复合层

161

数也越来越多。目前,印制电路板的技术和复杂性已经达到一个相当高的水平。但在生产过程中,如何减少废品率,如何提高印制电路板质量是各电路板生产厂家一直不懈追求的目标。因此,PCB 产业迫切需要在线检测。然而这种检测由人工完成是十分枯燥乏味的,而且人的精力有限,容易发生漏检和误检。传统的人工目测和针床在线检测因"接触受限"(电气接触受限和视觉接触受限)等原因,已不能完全适应当今电路板制造技术发展的需要[171]。

传统的电子测试方式是采用制造缺陷分析仪(Manufacture Defect Aanalyzer, MDA),它主要是针对生产线中印制板上元器件的错装、露装、焊接断路或短路等生产制造过程中的故障进行判断、分析。在线测试仪(In – Circuit Tester, ICT)进一步发展了 MDA 方法,可以找出制造缺陷,并进行元件功能测试。而组合测试仪(Combinational Tester)则进一步对在线测试系统的功能进行了扩展,它可以测量整个 PCB 或一个单元的功能。另一种电性能测试仪——飞针测试仪,是利用几根可以在印制板上任意运动的探针来对 PCB 进行测试,探针在程序的指引下插入并接触到待测位置的两端,在探针上施加测量电流,以判断是否正确,它可以完成对断路、短路等质量缺陷的测试。此种测试方法程序开发比较简单,但是测试时间相当长,常用于对原型板的测试。在以往的 PCB 生产过程中,电测法曾经是一种比较有效的在线测试方法。随着 PCB 生产技术的不断提高,它的局限性也越来越大。目前,高密度 PCB 的市场份额不断扩大,使得多数 PCB 上都设计有极细的走线和超细间距的元器件以及引脚数目的增加,使得电气节点数不断上升。还有许多 PCB 设计中采用了高频信号,使设计者尽量避免布置测试点。现今在一些高档手机中,电测法往往只能测试其中不到 50% 的电气节点;一个测试焊盘甚至比某一些元器件还要大。电测法是一种接触式检测法,可能对产品造成损害。

所以,近年来光学测试法越来越受到重视。自动光学检查系统(Automatic Optical Inspection System, AOI)利用摄像头、扫描仪等对 PCB 板进行扫描,将标准 PCB 板和被测 PCB 板的图像进行比较,可检查出 PCB 板上孔之间的位置、孔径、走线的宽度、线间宽度、电子元件的缺陷。这种方法直截了当,因为 PCB 与元件的形状、尺寸、位置、颜色和表面特征是轮廓分明的。AOI 不仅能检查出 PCB 上断路、短路的缺陷,而且对导线上的缺口、空洞或划痕等都能进行有效的检查,这是电测法仪器所不能完成的;AOI 对高密度 PCB、超小型元器件的检测也比电测法更优越。此外,AOI 是一种快速的在线测试法,完全满足高速生产线的需要。对 BGA、CSP 以及倒装片下隐藏焊点的检测,过去曾是 AOI 系统的一个难点,现在采用 X 光或红外视觉检测技术,AOI 可较好地解决此类问题[172]。

电子模块包含导电组件(导线、引线及焊接头),可以采用感应加热方式给它们提供热量。它们产生的焦耳热量将继续在整个模块中进行传播。通过热像仪记录被检模块的表面温度变化,既可以发现导电组件中的表面缺陷,又可以发现 PCB 层间的分层缺陷,焊接点中的空洞缺陷以及结合结构中的分层缺陷。这些特性给涡流锁相热成像检测技术的应用提供了天然条件。本节将介绍涡流锁相热成像检测技术在印制电路板检测中的应用。

1. 电子模块中的材料分析

电子模块包含导电组件(导线、引线、焊接头等导体材料及半导体材料),它们通常由绝缘体材料覆盖,如 FR4。对于这些绝缘材料,它们的检测原理只涉及热传递过程;对于导体材料,它们的检测原理既涉及涡流加热,又涉及热传递过程。因此,有必要分析一下电子模块中不同材料的电属性及热属性的影响。表 11.1 所列为电子模块中常用材料的热属性及相应的热波透入深度。表 11.2 所列为电子模块中常用材料的电属性及相应的集肤深度。

表 11.1　常用材料的热属性及相应的热波透入深度

材料	热导率 (W/(m·K))	热容量 (kJ/kg·K))	锁相频率/Hz	0.1	1	5	10
铜 Cu	398	0.38	热波透入深度/mm	19.3	6.1	2.7	1.9
锡 Sn	63	0.22		11.2	3.5	1.6	1.1
硅 Si	≈100(75~150)	0.68		14.1	4.5	2	1.4
复合物	0.67	≈1		1.2	0.37	0.16	0.12
FR4	0.4	0.5		0.84	0.27	0.12	0.08

表 11.2　常用材料的电属性及相应的集肤深度

材料	电阻率/Ω·cm	涡流频率/kHz	3.3	10	50	100
铜 Cu	1.78×10^{-6}	集肤深度/mm	1.2	0.7	0.3	0.2
锡 Sn	1.2×10^{-5}		3	1.7	0.8	0.5
硅 Si	依赖于掺杂情况	依赖于掺杂情况				

另外,电子模块通常具有多层结构,热波将会在不同材料的界面处发生反射。此处以两层结构为例,反射系数可以表示为

$$r = \frac{T_r}{T_i} = \frac{\mu_{th2}\lambda_1 - \mu_{th1}\lambda_2}{\mu_{th2}\lambda_1 + \mu_{th1}\lambda_2} \tag{11.5}$$

式中:λ_1 和 λ_2 分别为第一层材料和第二层材料的热导率;μ_{th1},μ_{th2} 分别为第一层材料和第二层材料的热波透入深度。当热量在 FR4 和铜界面传播时,由于反射系数较大,传输的热量大约减小至 4%。由于存在多级反射,热波很难到达印制

电路板的背面。

2. 印制电路板的检测评估

一个多层无载印制电路板被用于实验研究,其厚度为1.6mm。图11.11(a)为没有激励时的检测结果,只能观察出顶层结构。使用3.3kHz的涡流和1Hz的锁相频率加热,图11.11(b)为幅值检测结果。由于采用的圆形激励线圈,加热也是非均匀的。在3.3kHz的电流激励下,铜的集肤深度大约为0.2mm,因此内部的铜层几乎被同时加热。除了顶部的铜线能观察外,第二层的铜线也可以观察出来。而且,铜层之间的分层缺陷也可以观察出来。图11.11(c)为相位检测结果,相位图很好地消除了不均匀加热现象,结果更加清楚。

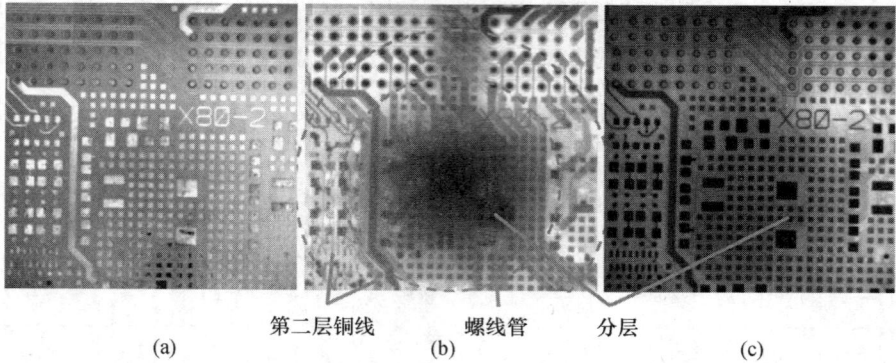

图11.11 无载印制电路板的检测结果

采用3.3kHz的涡流频率和1Hz的锁相频率对某块带有BGA的印制电路板进行检测。图11.12(a)和(b)分别显示了相位和幅值检测结果。在相位检测结果中,Vss区域显示了较小的相位。在幅值检测结果中,BGA下的通孔、走线和其他结构都可以识别出来。

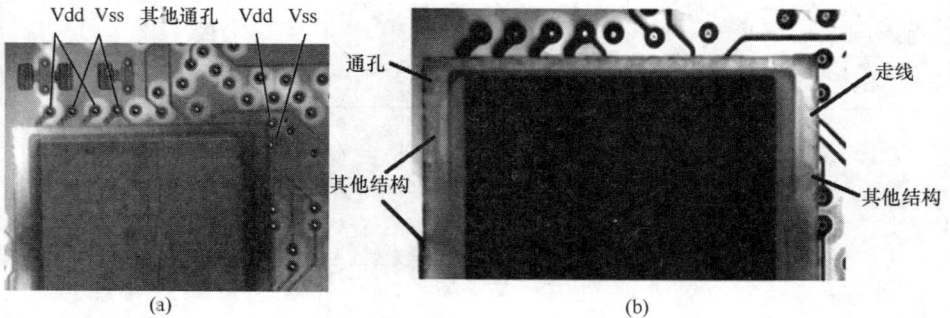

图11.12 带有BGA印制电路板的相位和幅值检测结果

图 11.13 为某块全载电路板在 3.3kHz 的涡流频率和 1Hz 的锁相频率下的检测结果。可以发现,板上金属导线等区域加热后温度升高,如果有断线等缺陷,将很容易识别出来。

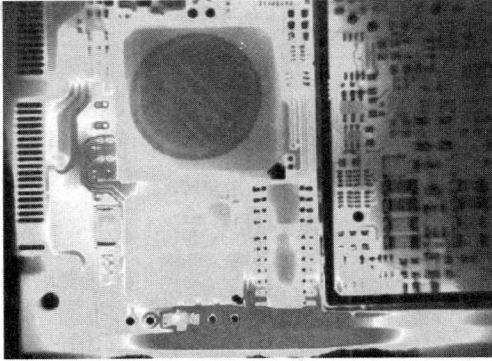

图 11.13　全载电路板的检测结果

第 12 章　涡流脉冲相位热成像检测技术

多年来,基于傅里叶变换的信号处理方法在锁相式热成像检测技术中得到了广泛而深入的研究。大量的理论与实验研究表明,频域的相位信息可以抑制加热不均匀、表面形状复杂和表面发射率变化等因素带来的负面影响[91, 99]。加拿大拉瓦尔大学的学者研究了锁相式热成像检测技术与脉冲式检测技术的异同,并在此基础上提出了脉冲相位热成像(Pulsed Phase Thermography)检测技术[91],在脉冲热成像检测技术中充分发挥了相位的优势。德国斯图加特大学的学者在研究涡流锁相热成像和涡流脉冲热成像的基础上,提出了电磁感应脉冲相位热成像(Burst Phase Induction Thermography)检测技术[173, 174],并进行了一些实验研究,结果表明该技术具有很好的潜力。国防科学技术大学的学者也进行了涡流脉冲相位热成像(Eddy Current Pulsed Phase Thermography)检测技术的研究,并对钢试件的下表面缺陷进行了检测评估[175]。本章将介绍涡流脉冲相位热成像检测技术的基本原理及应用。

12.1　涡流脉冲相位热成像检测技术基本原理

1. 脉冲式与锁相式热成像的异同

脉冲相位热成像检测技术结合了脉冲式热成像检测技术和锁相式热成像检测技术的优点。因此,有必要比较一下二者的异同。图 12.1 很形象地说明了二

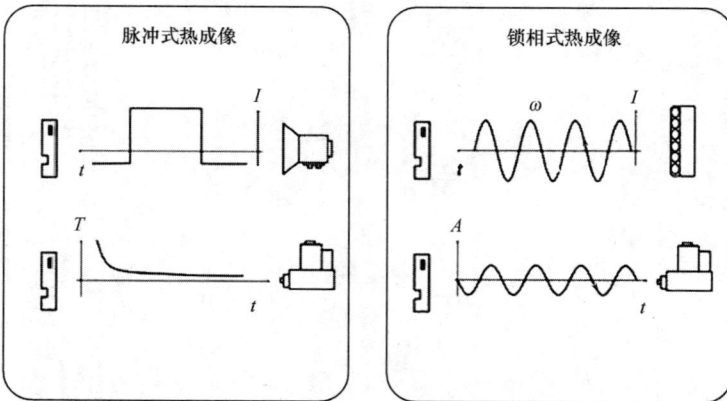

图 12.1　脉冲式和锁相式热成像检测技术的信号示意图

者在激励信号和检测信号方面的区别。表 12.1 列举了二者的异同、优势和劣势。

表 12.1　脉冲式和锁相式热成像检测技术的比较

	脉冲式热成像①	锁相式热成像
热源	脉冲式加热	周期性加热
机制	瞬态式	稳态式
优点	快速； 丰富的频域信息	相位信息可抑制诸多因素； 低能量加热； 深度反演简单直接
缺点	反演技术复杂； 受影响因素较多	同一部位需要深度不同的重复测试； 需要达到稳态条件； 系统较复杂
①此处指没有使用相位信息的脉冲式热成像检测技术		

尽管存在诸多不同，二者可以通过叠加原理联系起来。从数学上来说，一个脉冲信号可以被分解为多个谐波成分。当采用脉冲信号加热试件时，将会产生不同频率的热波。它们在试件中的传播深度不同，因此不同深度的缺陷就会对不同频率的热波造成影响。通过傅里叶变换，把热像仪记录的瞬态温度变化数据从时域转换到频域，即可获得不同频率的热波响应，最终获得不同深度的信息。图 12.2 显示脉冲式热成像检测技术的激励信号和响应信号及其分解的谐波周期信号。为了简化，周期信号只显示了三个谐波成分。

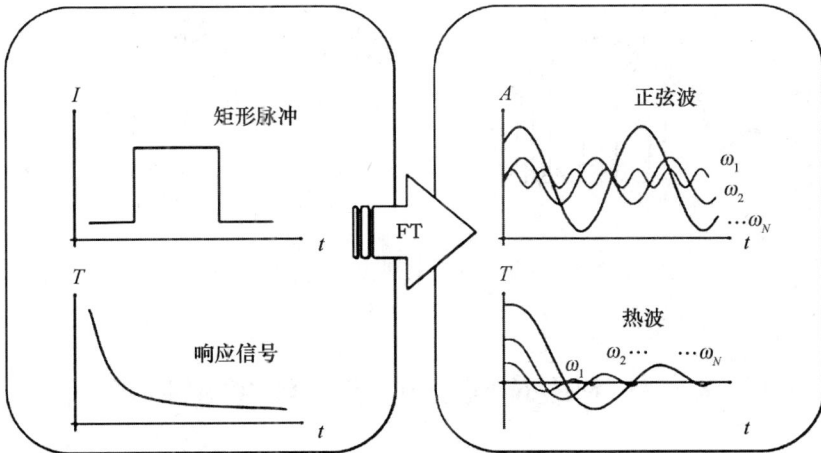

图 12.2　脉冲热成像在时域和频域的激励信号和响应信号

2. 脉冲相位式热成像检测技术原理

脉冲相位式热成像检测技术分别采用了脉冲式热成像的激励方式和锁相式热成像的数据处理方式。它通过傅里叶变换获取脉冲式检测信号在不同频率时的相位信息,相应的计算公式如下:

$$F(v) = \frac{1}{N}\sum_{n=0}^{N-1} T(n)e^{-i2\pi fn/N} = R(f) + iI(f) \tag{12.1}$$

$$\varphi(f) = \arctan\left[\frac{I(f)}{R(f)}\right] \tag{12.2}$$

式中:$R(f)$,$I(f)$分别为实部和虚部。其数据处理流程如图12.3所示。图12.3(a)为某个像素的温度序列,所有像素的温度序列构成了温谱图序列,如图12.3(c)所示。对每个像素的温度序列进行傅里叶变换,计算所有谐波成分的相位信息,可以得到单个像素点的相位序列,如图12.3(b)所示。依次计算所有像素点的相位序列,则可以获得相位谱图序列,如图12.3(d)所示。某一频率的相位谱图可用来识别缺陷。缺陷区域某像素的相位序列,可用来提取与频域相关的特征值,对缺陷进行定量评估。

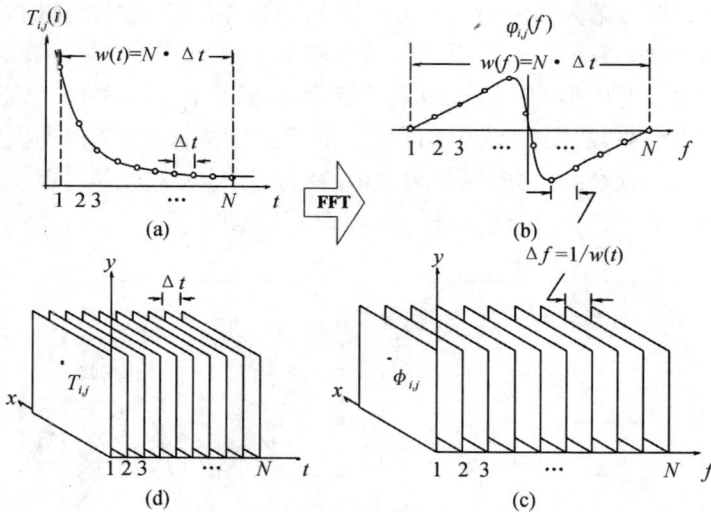

图12.3 涡流脉冲相位热成像的数据处理示意图

12.2 基于相位信息的缺陷深度定量评估

从频域角度出发,缺陷的深度和频率之间存在必然的联系。通过提取与频率相关的相位信息可用于缺陷深度的定位。

图12.4很形象地描述了基于相位信息的缺陷深度定量评估方法。试件含

168

有两个下表面缺陷,深度(缺陷离表面的距离)分别是 z_1 和 z_2。φ_1 和 φ_2 分别为两个缺陷部位的相位谱,φ_s 为无缺陷区域的相位谱。首先,选择无缺陷区域的相位谱为参考信号,经过差分处理获得缺陷部位的差分相位谱:$\Delta\varphi_1 = \varphi_1 - \varphi_s$ 和 $\Delta\varphi_2 = \varphi_2 - \varphi_s$。可见,差分相位谱与频率轴在某一频率点出现了重合,把这个频率称为差分到零频率 f_b。这个频率也是缺陷相位谱与无缺陷相位谱的重合频率。比较两个缺陷的差分到零频率,可以发现较浅缺陷的差分到零频率较大,这是由于较浅的缺陷主要影响高频成分;而较深缺陷的差分到零频率较小,这是由于较深的缺陷只能影响低频成分。

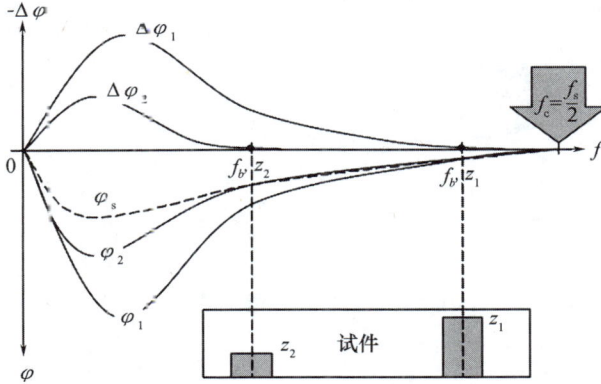

图 12.4 基于差分到零频率的缺陷深度反演示意图

相应地,可以获得每个缺陷在差分过零频率处的相位值 φ_b。加拿大学者 Ibarra - Castanedo 发现以下经验公式可用于定量评估缺陷深度 z。

$$z = C_1 \varphi_b \sqrt{\frac{\alpha}{\pi f_b}} + C_2 = C_1(\varphi_b \mu_b) + C_2 \qquad (12.3)$$

式中:C_1 为回归系数,材料热属性的函数;C_2 为回归系数是拟合误差;φ_b 为差分过零频率处的相位值;μ_b 为差分到零频率时的热波透入深度,它可以表示为

$$\mu_b = \sqrt{\frac{\alpha}{\pi f_b}} \qquad (12.4)$$

当缺陷的横向尺寸与深度相当时,式(12.3)可用于缺陷深度的定量。

12.3 脉冲相位式光学热成像定量检测实例

本节采用脉冲相位式光学热成像对钢板的检测实验来说明缺陷深度的定量问题。实验采用 FPA 红外热像仪,敏感波长为 $3 \sim 5\mu m$,阵列像素为 320×256。两个高能光学闪光灯作为热源。实验采用反射模式,待检钢板和闪光灯置于同

一侧。

图 12.5 为两块待检钢板的示意图。尺寸都是 $225mm \times 225mm \times 6.5mm$。在其背面分别加工了边长相同($30mm$)、深度不同($5mm$、$4.5mm$、$4mm$、$3.5mm$、$23mm$、$2.5mm$、$4mm$ 和 $1.5mm$)的平底槽。缺陷区域的剩余厚度 z(亦即试件表面至缺陷的距离,如图 12.6 所示)与图 12.5 中的标注一样,依次为 $1mm$、$1.5mm$、$2mm$、$2.5mm$、$3mm$、$3.5mm$、$4mm$ 和 $4.5mm$。

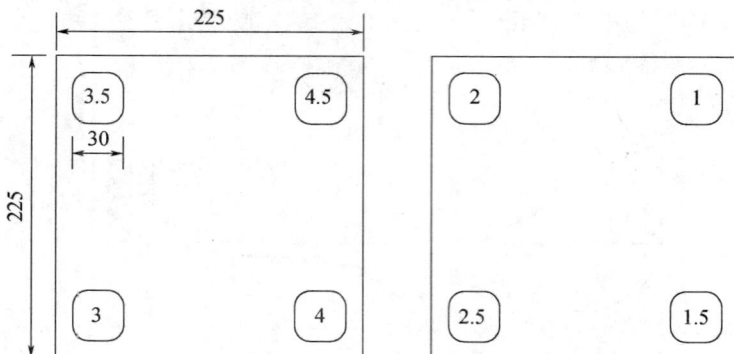

图 12.5　被检钢板示意图

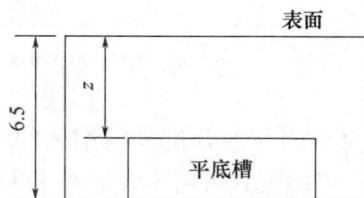

图 12.6　缺陷深度 z 示意图

在试件一的实验中,采样间隔为 $88.7ms$,采样时间为 $22.2s$,采样点 N 为 250。在试件二的实验中,采样间隔为 $44.3ms$,采样时间为 $22.2s$,采样点 N 为 500。图 12.7 所示为两个试件的热像图。八个缺陷都在相位图上显示了异常。

分别选择缺陷位置中心区域和无缺陷区域的相位响应。图 12.8(a)为经重构的四个缺陷的相位谱;图 12.8(b)为经差分处理获得的差分相位谱。可见,随着缺陷区域剩余厚度 z 的增大,差分过零频率 f_b 逐渐减小。

依次获得八个缺陷的差分过零频率 f_b 和差分过零频率处的相位值 φ_b,再根据式(12.4)获得差分过零频率时的热波透入深度 μ_b,就可以利用式(12.3)对缺陷的深度进行定量。图 12.9 所示为缺陷区域剩余厚度 z 与 $\varphi_b\mu_b$ 的关系。图中直线为线性拟合结果,C_1 和 C_2 的拟合值分别为 -5.3785 和 0.0013,拟合之后的相关系数为 0.98624。该实例充分说明了缺陷区域剩余厚度(缺陷深度)与差

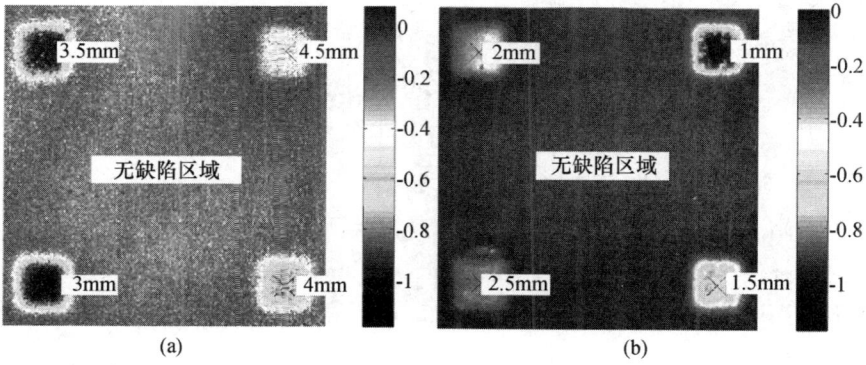

图 12.7 两个试件的相位图

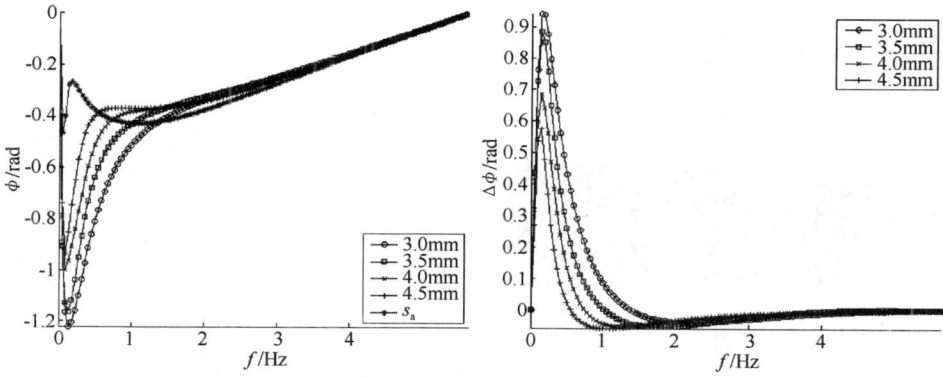

图 12.8 不同缺陷的相位谱和差分相位谱

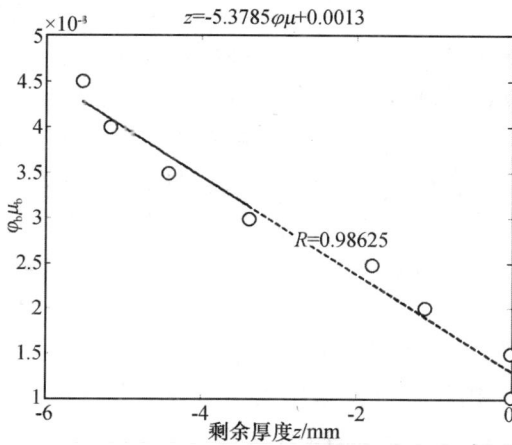

图 12.9 实验结果和拟合结果

分过零频率的平方根存在依赖关系。

12.4　涡流脉冲相位热成像检测实例

1. 钢板下表面缺陷检测实例

使用涡流脉冲相位热成像检测技术对钢板下表面缺陷进行检测。图 12.10 所示为钢试件。试件长×宽尺寸为 250mm×50mm，厚度为 10mm。在试件上加工了不同深度（9mm、8mm、7mm 和 6mm）、相同宽度（6mm）的凹槽，以模拟下表面缺陷，因此缺陷区域的剩余厚度分别为 1mm、2mm、3mm、4mm。实验中，加热时间为 200ms，冷却时间为 300ms，总的记录时间为 500ms。采集频率为 200Hz，则记录的数据点数 N 为 $60^{[175]}$。

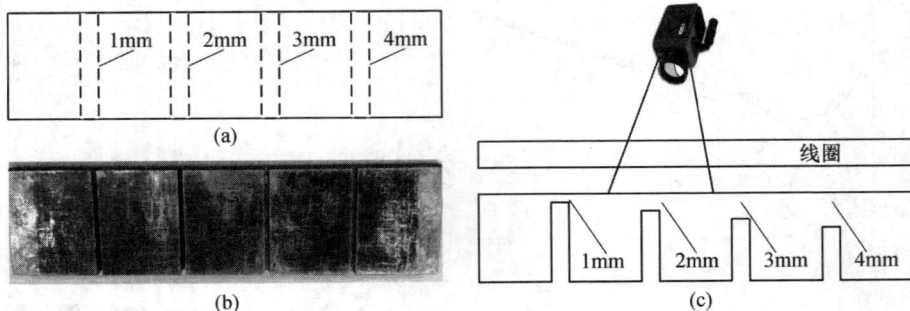

图 12.10　带有下表面缺陷的钢试件

（a）顶视图；（b）背面；（c）检测示意图。

以 1mm 厚度区域为检测对象，图 12.11（a）为检测区域示意图。图 12.11（b）为 500ms 时的原始热像图，只有紧挨线圈的缺陷区域可以被很好地识别出来。对冷却阶段的温度数据进行离散傅里叶变化，得到各个频率处的相位图。图 12.11（c）所示为 3.125Hz 时的相位图，整个缺陷区域可以被识别出来。图 12.11（d）所示为 15.625Hz 时的相位图，整个缺陷区域仍然可以被识别出来。

以 2mm 剩余厚度区域为检测对象，图 12.12（a）为 500ms 时的原始热像图，只有紧挨线圈和底部边缘的缺陷区域可以被很好地识别出来。对冷却阶段的温度数据进行离散傅里叶变化，得到各个频率处的相位图。图 12.12（b）所示为 3.125Hz 时的相位图，离线圈较远的缺陷区域可以被识别出来。图 12.12（c）所示为 15.625Hz 时的相位图，无法识别出整个缺陷区域。这是因为剩余厚度变大，缺陷主要影响低频成分，而无法影响高频成分。

由此可推断，3mm 剩余厚度的缺陷区域只能在低频成分中观察得到。图 12.13（a）为 500ms 时的原始热像图，只有紧挨线圈和底部边缘的缺陷区域可以

172

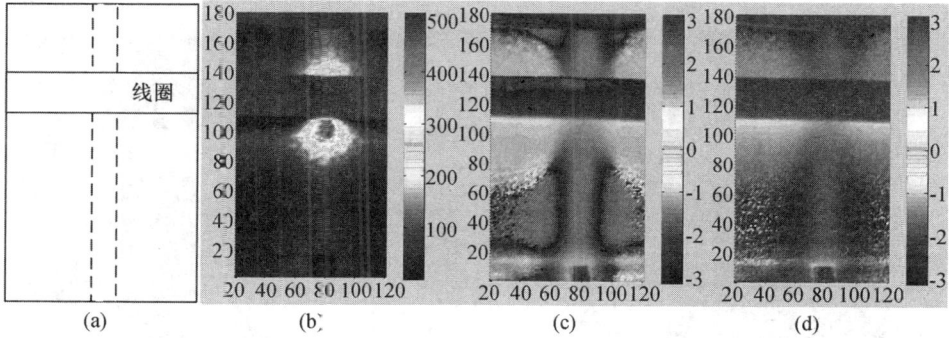

图 12.11　1mm 剩余厚度缺陷区域的检测结果

（a）顶视图；（b）500ms 热像图；（c）3.125Hz 相位图；（d）15.625Hz 相位图。

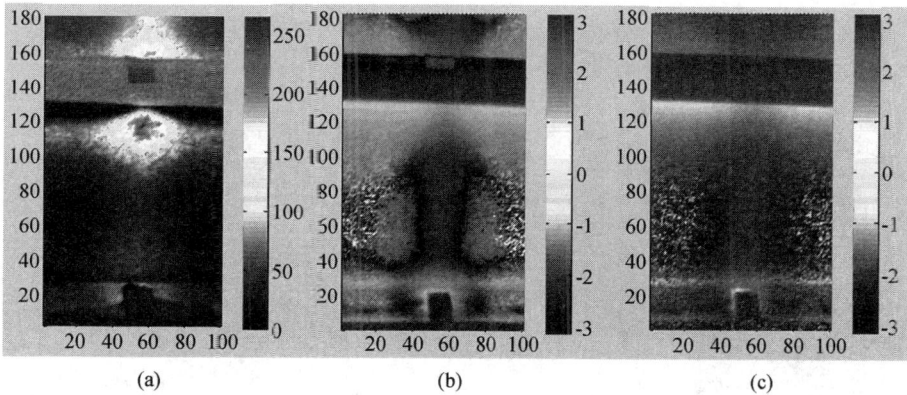

图 12.12　2mm 剩余厚度缺陷区域的检测结果

（a）500ms 热像图；（b）3.125Hz 相位图；（c）15.625Hz 相位图。

很好地识别出来。对冷却阶段的温度数据进行离散傅里叶变化,得到各个频率处的相位图。图 12.13（b）所示为 0.7813Hz 时的相位图,离线圈较远的缺陷区域可以识别出来。图 12.13（c）所示为 3.125Hz 时的相位图,缺陷区域很难识别出来。这是因为剩余厚度变大,缺陷只能影响低频成分,不能影响高频成分。

从理论上推断,4mm 剩余厚度的缺陷区域也会出现在低频成分。图 12.14（a）为 500ms 时的原始热像图,很难识别出缺陷。对冷却阶段的温度数据进行离散傅里叶变化,得到各个频率处的相位图。图 12.14（b）所示为 0.7813Hz 时的相位图,图 12.14（c）所示为 3.125Hz 时的相位图,缺陷区域很难识别出来。这是因为缺陷横向宽度 l 为 6mm,剩余厚度 d 为 4mm,即缺陷的体积/深度比 k 为 1.5,小于 2。由于横向传递的“模糊效应”,使缺陷引起的异常温度变化被掩盖。

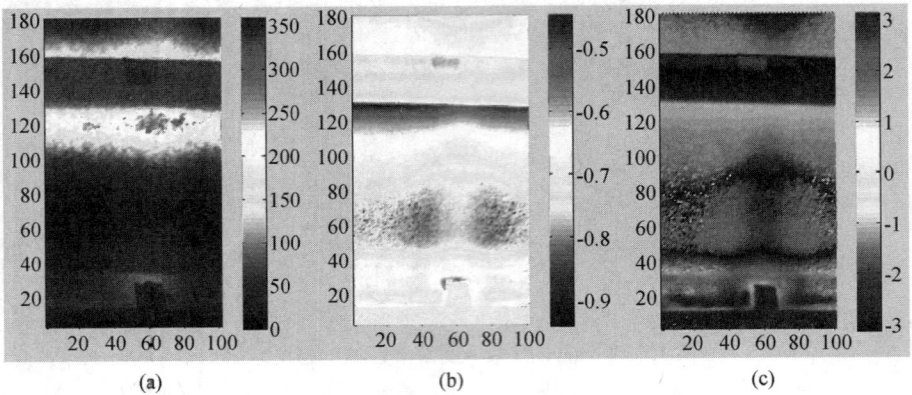

图 12.13　3mm 剩余厚度缺陷区域的检测结果

（a）500ms 热像图；（b）0.7813Hz 相位图；（c）3.125Hz 相位图。

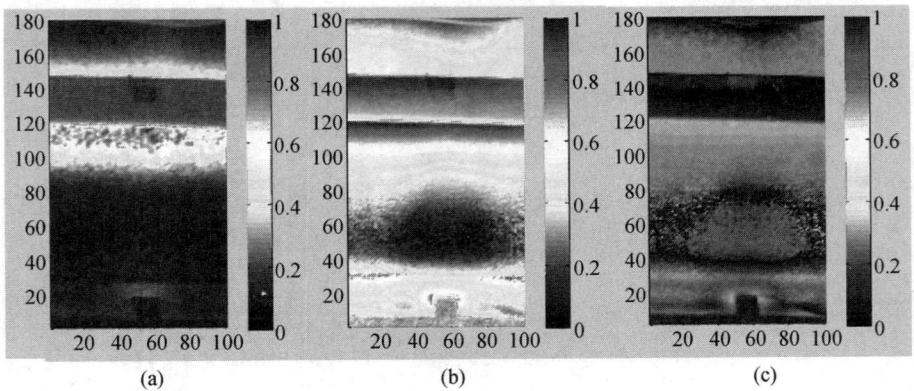

图 12.14　4mm 剩余厚度缺陷区域的检测结果

（a）500ms 热像图；（b）0.7813Hz 相位图；（c）3.125Hz 相位图。

　　根据第 7 章的内容，采用基于统计分析的图像重构方法可以有效抑制横向热传递带来的"模糊效应"。图 12.15（a）为采用主成分分析法对原始数据进行处理后，得到的由第二主成分构成的归一化图像。在线圈下方的缺陷区域可以发现一些温度的异常。图 12.16（a）为图 12.15（a）的直方图，可见，归一化温度主要分布在 0.5~1 范围内，说明图 12.15（a）不仅亮度高，而且对比度低，缺陷造成的温度异常很难被发现。对图 12.16（a）的直方图进行处理，把归一化温度范围由 0.5~1 线性变换为 0~1，如图 12.16（b）所示。相应的图像如图 12.15（b）所示，线圈附近的缺陷区域可以识别出来。

174

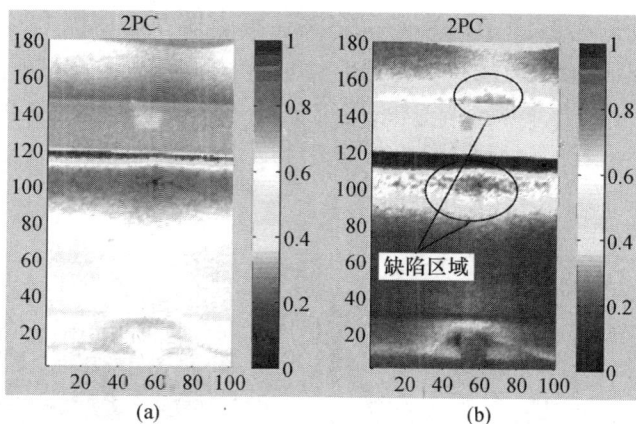

图 12.15　由主成分分析法重构的 4mm 剩余厚度缺陷区域的检测结果
（a）第二主成分；（b）线性变换后的第二主成分。

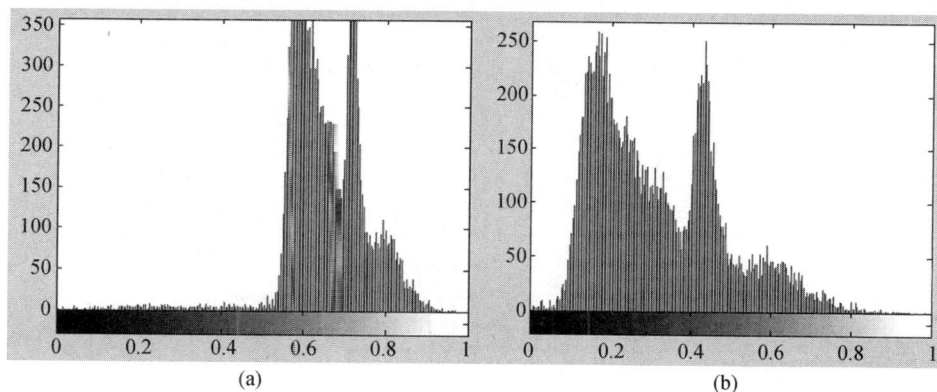

图 12.16　重构的 4mm 剩余厚度缺陷区域检测结果的直方图
（a）第二主成分的直方图；（b）线性变换后的第二主成分直方图。

由以上分析可发现：

（1）缺陷深度与频率有着天然的关系。频域越低越有利于深层缺陷的检测；但是，如何使用合适频率特征值对缺陷深度进行定量，还有待各国学者进一步研究。

（2）使用基于统计分析的图像重构方法等图像处理方法，有利于缺陷的识别。

2. 碳纤维复合材料检测实例

使用涡流脉冲相位热成像检测技术对碳纤维复合材料（CFRP）中撞击损伤进行检测。一个 CFRP 试件上加工了几个撞击损伤。实验中，加热功率为

700kW,加热时间为 1s。采用热像仪记录加热之后 3s 的温度变化。图 12.17
(a)为 500ms 时的原始热像图。可以观察到明显的加热不均匀现象,撞击损伤
引起的温度变化被背景噪声所淹没,很难识别出撞击损伤。图 12.17(b)所示为
0.5Hz 时的相位谱图。加热不均匀现象得到了很好的抑制,可以很清楚地发现
由纤维结构和撞击损伤引起的温度异常[173]。

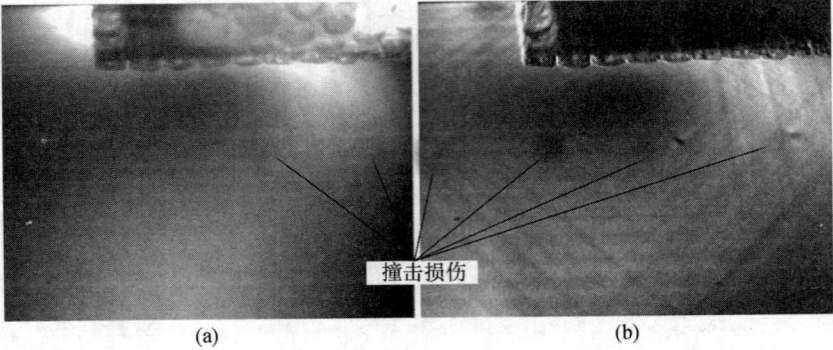

撞击损伤

(a)   (b)

图 12.17   CFRP 的涡流脉冲相位热成像检测结果

附录　专业名词和英文翻译

电磁传导热成像	Conduction thermography
电磁感应加热	Induction heating
电磁感应热成像	Induction thermography
材料表征	Material characterization
材料评估	Material evaluation
磁导率	Permeability
超声脉冲相位热成像	Ultrasound pulsed phase thermography
超声脉冲热成像	Ultrasound pulsed thermography
超声锁相热成像	Ultrasound lock – in thermography
穿透模式	Transmission mode
低碳钢	Mild steel
电导率	Conductivity
定量	Quantification
独立成分分析	Independent components analysis
反射模式	Reflection mode
分层	Delamination
分类识别	Classification
蜂窝结构	Honeycomb structure
傅里叶变化	Fourier transform
复合材料	Composite material
腐蚀	Corrosion
横向热传递	Lateral heat diffusion
红外热波检测	Thermal wave inspection
红外热像仪	IR camera
钢	Steel
集肤深度	Skin depth
集肤效应	Skin effect
激光轮廓	Laser profilometry
激光热成像	Laser thermography

金属	Metal
裂纹	Crack
邻近效应	Proximity effect
脉冲热成像	Pulsed thermography
脉冲涡流	Pulsed eddy current
脉冲相位热成像	Pulsed phase thermography
模糊效应	Blur effect
黏结结构	Bond structure
疲劳	Fatigue
气泡	Blister
缺陷	Defect
热传递	Heat diffusion
热传递系数	Heat diffusivity
热吸收系数	Heat effusivity
热导率	Thermal conductivity
热容量	Heat capacity
试件	Sample/specimen
瞬态响应	Transient response
锁相热成像	Lock – in thermography
碳纤维增强塑料	Carbon fiber reinforced plastic，CFRP
特征提取	Feature extraction
提离	Lift – off
铁磁性材料	Magnetic material
涂层	Coat
图像重构	Image reconstruction
图像处理	Image processing
图像分割	Image segmentation
图像融合	Image fusion
图像增强	Image enhancement
脱黏	Dis – bond
温度轮廓	Thermal profile
温谱图	Thermogram
涡流热成像	Eddy current thermography
涡流锁相热成像	Eddy current lock – in thermography
涡流脉冲热成像	Eddy current pulsed thermography

涡流脉冲相位热成像	Eddy current pulsed phase thermography
无损检测	Nondestructive testing
无损评估	Nondestructive evaluation
相位	Phase
叶片	Blade
印制电路板	Printed circuit board, PCB
自动检测	Automated detection
直方图	Histogram
智能材料	Smart material
主成分分析	Principal components analysis, PCA
撞击	Impact

参 考 文 献

[1] 李家伟,陈积懋. 无损检测手册[M]. 北京:机械工业出版社,2002.

[2] 徐可北,周俊华. 涡流检测[M]. 北京:机械工业出版社,2004.

[3] 任吉林,林俊明. 电磁无损检测[M]. 北京:科学出版社,2008.

[4] Hellier C J. Handbook of Nondestructive Evaluation[M]. New York:McGraw－Hill, 2003.

[5] 石井勇五郎. 无损检测学[M]. 吴义,王东江,沐志成,译. 北京:机械工业出版社,1986.

[6] 曾祥照. 无损检测文化概论[J]. 无损探伤, 2002 (2):34－37.

[7] 邓娟,许万忠. 五种常规的无损检测方法[J]. 航空维修与工程,2004 (3):62.

[8] 耿荣生,郑勇. 航空无损检测技术发展动态及面临的挑战[J]. 无损检测, 2002, 24 (1):1－5.

[9] 陈海英,李华桃. 常用无损检测方法的特点及应用选择[J]. 无损探伤, 2009, 33 (5):23－24.

[10] 耿荣生. 新千年的无损检测技术[J]. 无损检测, 2001, 23 (1):2－5, 12.

[11] Zhu Y K,Tian G Y,Lu R S, et al. A review of optical NDT technologies[J]. Sensors, 2011, 11 (8):7773－7798.

[12] 无损检测与航空维修. 无损检测与航空维修[J]. 无损检测, 2000, 22 (6):269－271.

[13] 谭晓明,陈跃良,段成美. 飞机结构搭接件腐蚀三维裂纹扩展特性分析[J]. 航空学报, 2005, 26 (1):66－69.

[14] 胡芳友,王茂才,温景林. 沿海飞机铝合金结构件腐蚀与防护[J]. 腐蚀科学与防护技术, 2003, 15 (2):97－100.

[15] 刘松平. 无损检测在航空工业中的机遇与挑战[J]. 航空制造技术, 2009, 25:62－66.

[16] 谢小荣,杨小林. 飞机损伤检测[M]. 北京:航空工业出版社,2006.

[17] Forsyth D S,Lepine B A Development and Verification of NDI for Corrosion Detection and Quantification in Airframe Structures[J]. Review of quantification nondestruntive evaluation, 2002, 21:1787－1791.

[18] Meyendorf N,Hoffmann J,Shell E. Early Detection of Corrosion in Aircraft Structure[J]. Review of quantification nondestruntive evaluation, 2002, 21:1792－1797.

[19] 孙金立. 无损检测及在航空维修中的应用[M]. 北京:国防工业出版社,2004.

[20] Kaczmarek H. Ultrasonic detection of the development of transverse cracking under monotonic tensile loading[J]. Composites Science and Technology, 1993, 46 (1):67－75.

[21] Amenabar I,Mendikute A. López－Arraiza, A. , etc. Comparison and analysis of non－destructive testing techniques suitable for delamination inspection in wind turbine blades[J]. Composites Part B:Engineering, 2011, 42 (5):1298－1305.

[22] De Goeje M P,Wapenaar K E D. Non－destructive inspection of carbon fibre－reinforced plastics using eddy current methods[J]. Composites, 1992, 23 (3):147－157.

[23] Mook G,Lange R,Koeser O. Non－destructive characterisation of carbon－fibre－reinforced plastics by means of eddy－currents[J]. Composites Science and Technology, 2001, 61 (6):865－873.

[24] Bin Sediq A S,Qaddoumi N. Near－field microwave image formation of defective composites utilizing open－ended waveguides with arbitrary cross sections [J]. Composite Structures, 2005, 71 (3 －

4）：343－348.

［25］Park J M,Lee S I,DeVries K L. Nondestructive sensing evaluation of surface modified single－carbon fiber reinforced epoxy composites by electrical resistivity measurement［J］. Composites Part B：Engineering，2006，37（7－8）：612－626.

［26］Park J M,Kim P G,Jang J H, etsl. Self－sensing and dispersive evaluation of single carbon fiber/carbon nanotube（CNT）－epoxy composites using electro－micromechanical technique and nondestructive acoustic emission［J］. Composites Part B：Engineering，2008，39（7－8）：1170－1182.

［27］Kordators E Z,Aggelis D G,Matikas T E. Monitoring mechanical damage in structural materials using complimentary NDE techniques based on thermography and acoustic emission［J］. Composites Part B：Engineering，2012，2012（43）：2676－2686.

［28］Garnier C,Pastor M L,Eyma F, et al. The detection of aeronautical defects in situ on composite structures using Non Destructive Testing［J］. Composite Structures，2011，93（5）：1328－1336.

［29］Schroeder J A,Ahmed T,Chaudhry B, et al. Non－destructive testing of structural composites and adhesively bonded composite joints：pulsed thermography［J］. Composites Part A：Applied Science and Manufacturing，2002，33（11）：1511－1517.

［30］Lyle K H,Fasanella E L. Permanent set of the Space Shuttle Thermal Protection System Reinforced Carbon－Carbon material［J］. Composites Part A：Applied Science and Manufacturing，2009，40（6－7）：702－708.

［31］美国无损检测学会. 美国无损检测手册(电磁卷)［M］. 北京：世界图书出版公司，1996.

［32］Chady T,Enokizono M. Multi－frequency exciting and spectrogram－based ECT method［J］. Journal of Magnetism and Magnetic Materials，2000，21（5）：700－703.

［33］Van den Bos B,Sahleen S,Andersson J. Automatic scanning with multi－frequency eddy current on multilayered structures［J］. Insight：Non－Destructive Testing and Condition Monitoring，2001，43（3）：163－166.

［34］林俊明. 电磁(涡流)检测技术现状及发展趋势［J］. 无损检测，2004（9）：40－41.

［35］Rose J H,Uzal E,Moudler J C. Pulsed eddy current characterization of corrosion in aircraft lap splices：quantitative modeling［J］. SPIE，1994，2160：164－176.

［36］Lebrun B,Jayet Y,Baboux J C. Pulsed eddy current application to the detection of deep cracks［J］. Materials Evaluation，1995，53（11）：1296－1300.

［37］Podney W. Electromagnetic microscope for deep pulsed eddy current evaluation of airframes［J］. Proceedings of SPIE－The International Society for Optical Engineering，1996，2945：138－150.

［38］杨宾峰. 脉冲涡流无损检测若干关键技术研究［D］. 长沙：国防科学技术大学，2006.

［39］Fisher J L,Beissner R E. Pulsed eddy current crack characterization experiments［J］. Review of quantification nondestruntive evaluation，1985，5A：199－206.

［40］Beissner R E,Fisher J L. Use of a chir Pwaveform in pulsed eddy current crack detection［J］. Review of quantification nondestruntive evaluation，1986，6A：467－472.

［41］Dood C V,Deeds W E. Multiparameter methods with pulsed eddy currents［J］. Review of quantification nondestruntive evaluation，1986，6A：467－472.

［42］Doherty J E,Beissner R E,Jolly W D. Pulsed eddy current flaw detection and characterization［J］. Review of quantification nondestruntive evaluation，1983，3B：1349－1357.

［43］Beissner R E,Sablik M J,Krzywosz K K, et al. Optimization of pulsed eddy current probes［J］. Review of quantification nondestruntive evaluation, 1982, 2B: 1159 – 1172.

[44] Raine A, Laenen C. Applications using the alternating current field measurement (ACFM) technique, u-sing rope access[J]. Insight: Non – Destructive Testing and Condition Monitoring, 2001, 43 (5): 318 – 321.

[45] Papaelias M P, Lugg M C, Roberts C, et al. High – speed inspection of rails using ACFM techniques[J]. NDT and E International, 2009, 42 (4): 328 – 335.

[46] 徐小杰. 铁磁性管道中轴向裂纹的远场涡流检测技术研究[D]. 长沙: 国防科学技术大学, 2008.

[47] Sun Y, Ouyang T, Udpa S. Recent advances in remote field eddy current NDE techniques and their applica-tions in detection, characterization, and monitoring of deeply hidden corrosion in aircraft structures[J]. Proceedings of SPIE – The International Society for Optical Engineering, 1999, 3586: 200 – 210.

[48] 田裕鹏. 红外辐射成像无损检测关键技术研究[D]. 南京: 南京航空航天大学 2009.

[49] Maldague X. Theory and Practice of Infrared Technology for Nondestructive Testing[M]. New York: John Wiley&Sons, 2001.

[50] 姜千辉. 红外热波序列图像的图像分割与三维可视化研究[D]. 北京: 首都师范大学, 2007.

[51] 王康印. 红外检测[M]. 北京:国防工业出版社, 1986.

[52] Jönsson M, Rendahl B, Annergren I. The use of infrared thermography in the corrosion science area[J]. Materials and Corrosion, 2010, 61 (11): 961 – 965.

[53] Pickering S, Almond D. Matched excitation energy comparison of the pulse and lock – in thermography NDE techniques[J]. NDT&E international, 2008, 41: 501 – 509.

[54] Tashan J, Al – mahaidi R. Investigation of the parameters that influence the accuracy of bond defect detec-tion in CFRP bonded specimens using IR thermography[J]. Composite Structures, 2012, 94 (2): 519 – 531.

[55] Zalameda J N, Winfree P W. Quantitative thermal nondestructive evaluation using an uncooled microbolom-eter infrared camera[J]. SPIE, 2002, 4710: 610 – 617.

[56] Zalameda J N, Anastasi R F, Madaras E I. Nondestructive Evaluation (NDE) Results on Sikorsky Aircraft Survivable Affordable Reparable Airframe Program (SARAP) Samples [J]. NASA/TM – 2004 – 213235, 2004.

[57] Vageswar A, Balasubramaniam K, Krishnamurthy C V, et al. Periscope infrared thermography for local wall thinning in tubes[J]. NDT&E International, 2009, 42: 275 – 282.

[58] Vageswar A, Balasubramaniam K, Krishnamurthy K C V. Wall thinning defect estimation using pulsed IR thermography in transmission mode[J]. Nondestructive Testing and Evaluation, 2010, 25 (4): 333 – 340.

[59] Vrana J, Goldammer M, Bailey K, et al. Induction and conduction thermography: optimizing the electromag-netic excitation towards application [J]. Review of quantitative nondestructive evaluation, 2009, 28: 518 – 525.

[60] Netzelmann U, Walle G. Induction Thermography as a Tool for Reliable Detection of Surface Defects in Forged Components[A]. In 17th World Conference on Nondestructive Tesing[C], Shanghai: 2008.

[61] Vrana J, Goldammer M, Baumann J, et al. Mechanisms and Models for Crack Detection with Induction Thermography[J]. Review of quantification nondestruntive evaluation, 2008, 27: 475 – 482.

[62] Zenzinger G, Bamberg J, Satzger W, et al. Thermographic crack detection by eddy current excitation[J]. Nondestructive Testing and Evaluation, 2007, 22 (2 – 3): 101 – 111.

[63] Bamberg J, Satzger W, Zenzinger G. Optimized Image Processing for eddy current – thermography[J]. Re-

view of quantification nondestructive evaluation, 2006, 25: 708 – 712.

[64] Zainal Abidin I, Tian G Y, Wilson J, et al. Quantitative evaluation of angular defects by pulsed eddy current thermography[J]. NDT and E International, 2010, 43 (7): 537 – 546.

[65] He Y, Tian G, Cheng L, et al. Parameters influence in steel corrosion evaluation using PEC thermography [A]. In Automation and Computing (ICAC), 2011 17th International Conference on [C]. Huddersfield, UK: 2011: 255 – 260.

[66] Cheng L, Tian G. Surface Crack Detection for Carbon Fibre Reinforced Plastic (CFRP) Materials Using Pulsed Eddy Current Thermography[J]. Sensors Journal, IEEE, 2011, 11 (12): 3261 – 3268.

[67] Oswald – Tranta B. thermo – inductive crack detection[J]. Nondestructive Testing and Evaluation, 2007, 22 (2 – 3): 137 – 153.

[68] Oswald – Tranta B, WALLE G, Oswald J. A semi – analytical model for the temperature distribution of thermo inductive heating[A]. In QIRT[C]. Padova, Italy:2006.

[69] Oswald – Tranta B, Wally G. Thermo – inductive surface crack detection in metallic materials[A]. In 9th European Conference on NDT[C]. Berlin, Germany: 2006.

[70] Oswald – Tranta B, Wally G. Thermo – inductive investigations of steel wires for surface cracks[A]. In Proceedings of SPIE[C]. bellingham, WA: 2005.

[71] Wally G, Oswald – Tranta B. The influence of crack shapes and geometries on the result of the thermo – inductive crack detection[A]. In Thermesense XXIX[C]. Orlande, USA: 2007.

[72] Grenier M, Ibarra – Castanedo C, Maldague, X. Development of a hybrid non – destructive inspection system combining induction thermography and eddy current techniques. [A]. In 10th International Conference on Quantitative InfraRed Thermography[C]. Quebec: 2010.

[73] Riegert G, Gleiter A, Busse G. potential and limitation of eddy current lockin – thermography[A]. In Thermosense XXVIIIL[C]. Orlande, USA:2006.

[74] Riegert G, Zweschper T, Busse G. Eddy – current lockin – thermography: Method and its potential[J]. J. Phys. IV France, 2005, 125: 587 – 591.

[75] Bohm J, Wolter K J. Inductive Excited Lock – In Thermography for Electronic Packages and Modules[A]. In 33rd Int. Spring Seminar on Electronics Technology[C]. Warsaw, Poland: 2010.

[76] Liu G, Li G. Numerical Simulation of Defect Inspection Using Electromagnetically Stimulated Thermography [J]. J. Shanghai Jiaotong Univ. , 2011, 16 (3): 262 – 265.

[77] Cheng L, Tian G. Comparison of Nondestructive Testing Methods on Detection of Delaminations in Composites[J]. Journal of Sensors, 2012, 2012: 1 – 7.

[78] Pan M, He Y, Tian G, et al. Defect characterisation using pulsed eddy current thermography under transmission mode and NDT applications[J]. NDT &E International, 2012, 52: 28 – 36.

[79] He Y, Tian G, Cheng L, et al. Corrosion Characterisation under Coating Using Pulsed Eddy Current Thermography[A]. In 50th Annual Conference of The British Institute of Non – Destructive Testing [C]. Telford, UK: 2011.

[80] He Y, Tian G, Cheng L, et al. Parameters Influence in Steel Corrosion Detection Using Pulsed Eddy Current Thermography [A]. In 17th International Conference on Automation and Computing (ICAC'11) [C]. Huddersfield, UK: 2011.

[81] Yang S, Tian G Y, Abidin I Z, et al. Simulation of edge cracks using pulsed eddy current stimulated thermography[J]. Journal of Dynamic Systems, Measurement and Control, 2011, 133(011008): 1 – 8.

[82] He Y,Pan M,Luo F. Defect Characterisation Based on Heat Diffusion Using Induction Thermography Testing[J]. Rev. Sci. Instrum. , 2012, 83: 104702: 1 – 10.

[83] Wilson J,Tian G Y,Abidin I Z, et al. Modelling and evaluation of eddy current stimulated thermography [J]. Nondestructive Testing and Evaluation, 2009, 3: 1 – 14.

[84] Sakagami T,Kubo S. Development of a new crack identification method based on singular current field using differential thermography[J]. SPIE, 1999, 3700: 369 – 376.

[85] Wilson J,Tian G Y,Abidin I Z, et al. Pulsed eddy current thermography: System development and evaluation[J]. Insight: Non – Destructive Testing and Condition Monitoring, 2010, 52 (2): 87 – 90.

[86] Tsopelas N,Siakavellas N. J. Experimental evaluation of electromagnetic – thermal non – destructive inspection by eddy current thermography in square aluminum plates[J]. NDT&E international, 2011, 44 : 609 – 620.

[87] Ryhanen T,Seppä H,Ilmoniemi R, et al. SQUID magnetometers for low – frequency applications[J]. Journal of Low Temperature Physics, 1989, 76 (5 – 6): 287 – 386.

[88] Sun J G. Analysis of pulsed thermography methods for defect depth prediction[J]. Journal of heat transfer, 2006, 128: 329 – 338.

[89] Ringermacher H I,Howard D R. Synthetic thermal time – of – fight (STTOF) depth imaging[A]. In Chimenti, D. O. T. a. D. E. , Review of Progress in Quantitative Nondestructive Evaluation[C], NY, 2001: 487 – 491.

[90] Shepard S M,Lhota J R,Rubadeux B A, et al. reconstruction and enhancement of active thermographic image[J]. Optical engineering, 2003, 42: 1337 – 1342.

[91] Ibarra – Castanedo C,Maldague X. Pulsed phase thermography reviewed[J]. Quantitative InfraRed Thermography Journal, 2004, 1 (1): 47 – 70.

[92] Vavilov V P,Nesteruk D A,Khorev V S. IR thermographic NDT research at Tomsk Polytechnic University [A]. In 50th Annual Conference of The British Institute of Non – Destructive Testing[C]: Telford, UK, 2011.

[93] Tian G,He Y,Cheng L, et al. Electromagnetic thermography non – destructive methods for corrosion characterisation[A]. In 15th International Symposium on Applied Electromagnetics and Mechanics[C]. Napoli, Italy: 2011.

[94] Al – Qubaa. A R,Tian G Y,Wilson J, et al. Feature extraction using normalized cross – correlation for pulsed eddy current thermographic images [J]. Measurement Science and Technology, 2010, 21: 115 – 501.

[95] He Y,Tian G,Pan M, et al. Tucker Decomposition Based Signal Reconstruction of Pulsed Eddy Current Thermography for Aerospace Composites[A]. In 18th World Conference on Nondestructive Testing[C]. Durban, South Africa: 2012.

[96] Maev R G,Severin F. Nondestructive analysis of composite structures using ultrasonic and thermographic imaging [A]. In 50th Annual Conference of The British Institute of Non – Destructive Testing[C]. Telford, UK: 2011.

[97] Rajic N. Principal Component thermography for flaw contrast enhancement and flaw depth characterization in composite structures[J]. Composite structures, 2002, 58: 27 – 35.

[98] Tian G,He Y,Cheng, L, et al. Pulsed Eddy Current thermography for corrosion characterisation[J]. International Journal of Applied Electromagnetics and Mechanics, 2012, 39 (4): 269 – 276.

[99] Schonberger A, Virtanen, S, Giese V, et al. Non – destructive evaluation of stone – impact damages using Pulsed Phase Thermography[J]. Corrosion Science, 2012, 56: 168 – 175.

[100] Chang C C, Lin C J. LIBSVM A Library for support vector machines[J]. ACM Transactions on Intelligent Systems and Technology, 2011, 2 (3).

[101] Yang Y, Yu D, Cheng J. A fault diagnosis approach for roller bearing based on IMF envelope spectrum and SVM[J]. Measurement, 2007, 40 (9 – 10): 943 – 950.

[102] Udpa L, Udpa S S. Eddy current defect characterization using neural networks[J]. Materials Evaluation, 1990, 48 (3): 342 – 347, 353.

[103] Bernieri A, Ferrigno L, Laracca M, et al. Crack shape reconstruction in Eddy current testing using machine learning systems for regression[J]. IEEE Transactions on Instrumentation and Measurement, 2008, 57 (9): 1958 – 1968.

[104] 陈永甫. 红外辐射红外器件与典型应用[M]. 北京: 电子工业出版社, 2004.

[105] Fourier. Theory of heat transfer in solid bodies[M]. London: Cambridge Universily Press, 1878. 1824.

[106] 戴景民, 汪子君. 红外热成像无损检测技术及其应用现状[J]. 自动化技术与应用, 2007, 26 (1): 1 – 7.

[107] Weekes B, Almond D, Cawley P, et al. Eddy – current induced thermography—probability of detection study of small fatigue cracks in steel, titanium and nickel – based superalloy[J]. NDT&E International, 2012, 49: 47 – 56.

[108] Staeman S, Matz V. Automated System for Crack Detection Using Infrared Thermographic Testing[A]. In 17th World Conference on Nondestructive Testing[C]. Shanghai: 2008.

[109] Goldammer M, Mooshofer H, Rothenfusser M, et al. Automated Induction Thermography of Generator Components[J]. Review of Progress in Quantitative Nondestructive Evaluation, 2010, 29: 451 – 457.

[110] 张月红. 感应加热温度场的数值模拟[D]. 无锡: 江南大学, 2008.

[111] 潘作为. 基于 ANSYS 的感应加热数值模拟及感应器设计[D]. 大连: 大连理工大学, 2006.

[112] Vrana J, Goldammer M, Bailey K, et al. Induction and conduction thermography: optimizing the electromagnetic excitation towards application[J]. Review of quantitative nondestructive evaluation, 2009, 28: 518 – 525.

[113] Carslaw H S, Jaeger J C. Conduction of heat in solids[M]. New York: Osford University Press, 1959.

[114] He Y, Luo F, Pan M. Defect characterisation based on pulsed eddy current imaging technique[J]. Sensors and Actuators, A: Physical, 2010, 164 (1 – 2): 1 – 7.

[115] He Y, Luo F, Pan M, et al. Defect classification based on rectangular pulsed eddy current sensor in different directions[J]. Sensors and Actuators, A: Physical, 2010, 157 (1): 26 – 31.

[116] He Y, Luo F, Pan M, et al. Defect edge identification with rectangular pulsed eddy current sensor based on transient response signals[J]. NDT and E International, 2010, 43 (5): 409 – 415.

[117] Li S, Huang S L, Zhao W, et al. Improved immunity to lift – oft effect in pulsed eddy current testing with two – stage differemtial probes[J]. Russian Journal of Vondestructive Testing, 2008; 144 (2): 138 – 144.

[118] Li S, Huang S L, Zhao W, et al. Study of pulse eddy current probes detecting cracks extending in all directions[J]. Sensors and Actuators A: Physical, 2008: (141): 13 – 19.

[119] Parker W J, Jenkins R J, Butler C P, et al. Flash method of determining thermal diffusivity, heat capacity, and thermal conductivity[J]. Journal of Applied Physics, 1961, 32 (9): 1679 – 1684.

[120] Roth D J, Bodis J R, Bishop C. Thermographic Imaging for High – Temperature Composite materials – A

Defect Detection Study[J]. Res Nondestr Eval, 1997, 9: 147 – 169.

[121] Ringermacher H I, Archacki J, Veronesi W A. Nondestructive Testing: Transient Depth Thermography: US, 5711603A[P]. 1998.

[122] Tian G Y, Sophian A. Reduction of lift – off effects for pulsed eddy current NDT[J]. NDT and E International, 2005, 38 (4): 319 – 324.

[123] He Y, Pan M, Luo F, et al. Reduction of lift – off effects in pulsed eddy current for defect classification [J]. IEEE Transactions on Magnetics, 2011, 47 (12): 4753 – 4760.

[124] Shepard S M. flash thermography of aerospace composites[A]. In IV Pan American Conference for Non Destructive Testing[C]: Buenos Aires, Argentina: 2007.

[125] 冈萨雷斯. 数字图像处理[M]. 阮秋琦. 玩宇智,等译. 北京: 电子工业出版社, 2003.

[126] 赵晓雷. 像素级图像融合技术研究[D]. 西安: 西安科技大学, 2010.

[127] Malhi A, Gao R X. PCA – based feature selection scheme for machine defect classification[J]. IEEE Transactions on Instrumentation and Measurement, 2004, 53 (6): 1517 – 1525.

[128] Rajagopalan A N, Chellappa R, Koterba N T. Background learning for robust face recognition with PCA in the presence of clutter[J]. IEEE Transactions on Image Processing, 2005, 14 (6): 832 – 843.

[129] Pan M, He Y, Tian G. PEC Frequency Band Selection for Locating Defects in Two – layer Aircraft Structures with Air Ga PVariations [J]. IEEE Transactions on Instrumentation and Measurement, revised, 2012.

[130] Sophian A, Tian G Y, Taylor D, et al. A feature extraction technique based on principal component analysis for pulsed Eddy current NDT[J]. NDT and E International, 2003, 36 (1): 37 – 41.

[131] Comon P. Independent component analysis, A new concept[J]. Signal Processing, 1994, 36 (3): 287 – 314.

[132] Yuen P C, Lai J H. Face representation using independent component analysis[J]. Pattern Recognition, 2002, 35 (6): 1247 – 1257.

[133] Cacciola M, Ripepi G Yang G, et al. ICA based algorithms for flaw classification in pulsed Eddy Current data: A study[A]. In 20th Italian Workshop on Neural Nets [C]. Italy: 2011.

[134] Yang G, Tian G Y, Que P W, et al. Independent component analysis – based feature extraction technique for defect classification applied for pulsed eddy current NDE[J]. Research in Nondestructive Evaluation, 2009, 20 (4): 230 – 245.

[135] He Y, Pan M, Luo F, et al. Pulsed eddy current imaging and frequency spectrum analysis for hidden defect nondestructive testing and evaluation[J]. NDT and E International, 2011, 44 (4): 344 – 352.

[136] 田武刚. 航空发动机关键构件内窥涡流集成化原位无损检测技术研究[D]. 长沙: 国防科学技术大学, 2009.

[137] Wilson J, Tian G Y, Abidin I Z, et al. PEC thermography for imaging multiple cracks from rolling contact fatigue[J]. NDT&E international, 2011, 44: 505 – 512.

[138] 梁彩凤,侯文泰. 钢的大气腐蚀预测[J]. 中国腐蚀与防护学报, 2006, 26 (3): 129 – 135.

[139] Johnson J B, Elliott P, Winterbottom M A, et al. Short term atmospheric corrosion of mild steel at two weather and pollution monitored sites[J]. Corrosion Science, 1977, 17 (8): 691 – 700.

[140] ISO – 9223. Corrosion of metals and alloys – corrosivity of atmospheres – classification[S]. Geneva: In International Organization for Standardization , 1992.

[141] Feliu S, Morcillo M, Feliu Jr S. The prediction of atmospheric corrosion from meteorological and pollution

186

parameters – II. Long – term forecasts[J]. Corrosion Science, 1993, 34 (3): 415 – 422.

[142] Hou W, Liang C. Atmospheric corrosion prediction of steels[J]. Corrosion, 2004, 60 (3): 313 – 322.

[143] Ma Y, Li Y, Wang F. The atmospheric corrosion kinetics of low carbon steel in a tropical marine environment[J]. Corrosion Science, 2010, 52 (5): 1796 – 1800.

[144] 邹妍, 王佳, 郑莹莹. 海水中碳钢短期腐蚀行为的电化学研究方法[J]. 腐蚀科学与防护技术, 2010, 22: 278 – 282.

[145] Fregonese M, Idrissi H, Mazille H, et al. Initiation and propagation steps in pitting corrosion of austenitic stainless steels: Monitoring by acoustic emission[J]. Corrosion Science, 2001, 43 (4): 627 – 641.

[146] Mazille H, Rothea R, Tronel C. An acoustic emission technique for monitoring pitting corrosion of austenitic stainless steels[J]. Corrosion Science, 1995, 37 (9): 1365 – 1375.

[147] Matzkanin G A, Yolken H T. Detecting hidden corrosion[J]. Practicing Oil Analysis, 2008, 10: 7 – 8.

[148] Paik J K. Condition assessment of aged ships[A]. In 16th International shi Pand offshore structures congress[C]. Southampton, UK: 2006.

[149] Davoust M E, Le Brusquet L, Fleury G. Robust estimation of hidden corrosion parameters using an eddy current technique[J]. Journal of Nondestructive Evaluation, 2010, 29 (3): 155 – 167.

[150] Sodano H A. Development of an automated eddy current structural health monitoring technique with an extended sensing region for corrosion detection[J]. Structural Health Monitoring, 2007, 6 (2): 111 – 119.

[151] He Y, Tian G, Zhang H, et al. Steel Corrosion Characterisation using Pulsed Eddy Current Systems[J]. IEEE Sensors Journal, 2012, 12 (6): 2113 – 2120.

[152] Gotoh Y, Hirano H, Nakano M, et al. Electromagnetic nondestructive testing of rust region in steel[J]. IEEE Transactions on Magnetics, 2005, 41 (10): 3616 – 3618.

[153] ISO – 4287. Geometrical Product Specifications (GPS) —Surface texture: Profile method—Terms, definitions and surface texture parameters[S]. 1997.

[154] Morozov M, Tian G, Withers P J. The pulsed eddy current response to applied loading of various aluminium alloys[J]. NDT and E International, 2010, 43 (6): 493 – 500.

[155] Melchers R E. Transition from marine immersion to coastal atmospheric corrosion for structural steels[J]. Corrosion, 2007, 63 (6): 500 – 514.

[156] ISO – 8501. Preparation of steel substrates before application of paints and related products – Visual assessment of surface cleanliness[S]. In 2007.

[157] ISO – 8504. Preparation of steel substrates before application of paints and related products – Surface preparation methods[S]. 2000.

[158] Alamin M, Tian G, Jackson P. Principal Component Analysis of Corrosion on Mild Steel Using Pulsed Eddy Current [J]. IEEE sensors journal, 2012, 12 (8): 1248 – 2553.

[159] Tian G, He Y, Alamin M, et al. Corrosion Characterisation Using Pulsed Eddy Current Sensor Systems [A]. In The 5th International Conference on Sensing Technology[C]. Palmerston North, New Zealand: 2011.

[160] 郭兴旺, 吕珍霞, 高功臣. CFRP 层压板脉冲热像检测的图像重建与增强[J]. 红外技术, 2006, 28 (5): 299 – 305.

[161] 李戈岚. 复合材料结构分层损伤研究[J]. 飞机设计, 1999 (3): 26 – 34.

[162] Avdelidis N, Almond D, Dobbinson A. Thermal transient thermographic NDT&E of composite[A]. In SPIE[C]. 2004: 403 – 413.

［163］ 李路明,黄松岭,杨海青, 等. 复合材料分层缺陷的红外热像检测［J］. 航天制造技术, 2002（2）:
18 - 21.

［164］ 刘凤荣,苏波,王兴业, 等. 抗超高速撞击多层结构复合材料研究［J］. 国防科技大学学报, 1993,
15:43 - 47.

［165］ 李金柱,黄风雷,张夫明. 超高速弹丸撞击三维编织 C/SiC 复合材料双层板结构的实验研究［J］.
高压物理学报, 2004, 18（2）: 164 - 169.

［166］ Pratap S B,Weldon W F. Eddy currents in anisotropic composites applied to pulsed machinery［J］. IEEE
Transactions on Magnetics, 1996, 32（2）: 437 - 444.

［167］ Akkerman R. Laminate mechanics for balanced woven fabrics［J］. Compos Parts B Eng, 2006,
37: 108 - 116.

［168］ Grimberg R,Savin A,Steigmann R, et al. Electromagnetic non - destructive evaluation using metamateri-
als［J］. Insight: Non - Destructive Testing and Condition Monitoring, 2011, 53（3）: 132 - 137.

［169］ He Y,Luo F,Pan M, et al. Pulsed eddy current technique for defect detection in aircraft riveted structures
［J］. NDT and E International, 2010, 43（2）: 176 - 181.

［170］ Abidin I. Z,Mandache C,Tian G Y, et al. Pulsed eddy current testing with variable duty cycle on rivet
joints［J］. NDT and E International, 2009, 42（7）: 599 - 605.

［171］ 陈志云. 印刷电路板检测系统的研究与应用［D］. 重庆: 重庆大学, 2006.

［172］ 姚立新,张武学,连军莉. AOI 系统在 PCB 中的应用［J］. 测试与测量技术, 2004, 112: 25 - 28.

［173］ Zweschper T,Riegert G,Dillenz A, et al. Ultrasound burst phase thermography for applications in the ao-
tomotive industry［J］. 2000,22: 531 - 536.

［174］ Riegert G. Lockin and burst - phase induction thermography for NDE［J］. Quantitative InfraRed Ther-
mography Journal, 2006, 3（2）: 141 - 154.

［175］ He Y,Tian G,Pan M,et al. Eddy current pulsed phase ther mographyand feature extraction［J］. Applied
Physics Letters ,2013. accept.

188